U0176909

食品安全知识科普·小·读本

马丽　王立晖　编著

天津大学出版社
TIANJIN UNIVERSITY PRESS

图书在版编目（ＣＩＰ）数据

食品安全知识科普小读本 / 马丽，王立晖编著 . --
天津：天津大学出版社，2020.10（2021年7月重印）
ISBN 978-7-5618-6819-5

Ⅰ.①食… Ⅱ.①马… ②王… Ⅲ.①食品安全－普
及读物 Ⅳ.① TS201.6-49

中国版本图书馆 CIP 数据核字 (2020) 第 210599 号

SHIPIN ANQUAN ZHISHI KEPU XIAO DUBEN

出版发行 　天津大学出版社
地　　址　天津市卫津路 92 号天津大学内（邮编：300072）
电　　话　发行部 022-27403647
网　　址　www.tjupress.com.cn
印　　刷　廊坊市瑞德印刷有限公司
经　　销　全国各地新华书店
开　　本　145mm×210mm
印　　张　3.5
字　　数　101 千
版　　次　2020年 10月第 1 版
印　　次　2021年 7月第 3 次
定　　价　29.00 元

凡购本书，如有质量问题，请与我社发行部门联系调换
版权所有　侵权必究

河北省创新能力提升计划项目

科学普及专项 项目编号 19K57610D

序　言

　　2011 年 5 月 8 日，国务院食品安全委员会办公室印发了《食品安全宣传教育工作纲要（2011—2015 年）》，并确定每年 6 月第 3 周为"食品安全宣传周"。2012 年国务院印发了《国务院关于加强食品安全工作的决定》，国家要求通过食品安全宣传周，广泛宣传和普及与食品安全相关的法律法规及科学知识，以此提高食品生产经营者的诚信守法经营意识和质量安全管理水平，增强公众的食品安全意识和预防、应对风险的能力，营造人人维护食品安全的良好社会风气。面向公众的科普工作是食品安全工作的重要内容，是构建我国食品安全体系的重要保障，对推动我国食品安全科普机制的发展具有深远的意义。近年来，我国食品安全形势依然严峻，食品安全是人民群众高度关注和迫切要求加快解决的突出问题。

　　《食品安全知识科普小读本》围绕食品安全这一中心，从普遍性出发，介绍了各种食品安全性因素。本书宣传普及的食品安全知识科学准确，对一些夸大或歪曲食品安全问题的事实解疑释惑，回应社会关切的热点问题，消除人们的认识误区，使作为科普对象的民众可以提高自身素养以及科学知识水平，以便以科学的态度对待食品安全的相关信息。本书针对不同受众群体的特点，抓住食品安全的热点问题，如有害物质（如农药、兽药、重金属等）残留问题、滥用添加剂（如防腐剂、色素、亚硝酸盐等）问题、非食用物质（如漂白剂等）

违法添加问题以及食物卫生、食品中毒问题（如黄曲霉毒素中毒等）进行科普宣传，增强消费者的食品安全意识和自我保护能力，用通俗易懂的语言和图画使知识内容具有形象性和趣味性，降低人们理解的难度，从而增强科普宣传效果。

《食品安全知识科普小读本》通过科学有效的食品安全科普，一方面有利于提高政府的权威性和公信力，促使人们了解正确的食品安全知识，以免造成不必要的恐慌；另一方面有利于推动我国食品行业的健康发展，促进食品安全体系的有序、全面建设，为保障民众的身体健康，减少不必要的食源性疾病或其他疾病作出贡献。期待这本科普读物能有效提高公众的食品安全意识和自我保护能力，为保障人民群众的身体健康和生命安全发挥作用。

天津市食品学会理事长　陈娟
2020 年 8 月

目 录

CONTENTS

第 1 章

食品加工中的安全性危害

Chapter 1

　　《中华人民共和国食品安全法》中指出，食品安全是指食品无毒、无害，符合应当有的营养要求，对人体健康不造成任何急性、亚急性或者慢性危害。世界卫生组织(WHO)在《加强国家级食品安全计划指南》中指出食品安全是"对食品按其原定用途进行制作和食用时不会使消费者健康受到损害的一种担保"。也就是说，食品安全一是要保证食品的生产、加工以及销售渠道安全，使消费者不能受限定剂量毒害物质的影响；二是指如果在上述过程中存在食品营养成分的破坏或食品各成分的比例变化，要保证这些破坏和变化在允许的范围内。

1.1 食品加工中的生物性危害

食品加工中的生物性危害主要是指食品中的微生物造成的污染。食品的微生物污染不仅会降低食品质量，而且会对人体健康产生危害。食品的微生物污染在整个食品污染中所占比例很大，危害也很大。其来源有食品原料本身的污染、食品加工过程中的污染以及食品在贮存、运输及销售过程中的污染。常见的生物性危害有细菌性危害、真菌性危害、病毒性危害、寄生虫危害和有毒植物毒素危害、有毒动物毒素危害等。

1.1.1 细菌性危害

日常生活中常见的可造成细菌性危害的细菌有以下几种。

1. 肠杆菌科

肠杆菌科为革兰氏阴性菌，需氧及兼性厌氧，包括志贺氏菌属、沙门氏菌属、耶尔森氏菌属等致病菌。

2. 乳杆菌属

本菌属为革兰氏阳性菌，厌氧或微需氧，在乳品中多见。

3. 微球菌属和葡萄球菌属

这两种菌属为革兰氏阳性菌，嗜中温，营养要求较低，在肉、水产食品和蛋品中常见，有的能使食品变色。

4. 芽孢杆菌属与芽孢梭菌属

这两种菌属分布较广泛，尤其多见于肉和鱼中。前者需氧或兼性厌氧，后者厌氧，嗜温菌者居多，少数为嗜热菌，是罐头食品中常见的腐败菌。

5. 假单胞菌属

本菌属为革兰氏阴性无芽孢杆菌，需氧，嗜冷，在 pH 为 5.0 左右时发育，是典型的腐败菌，在肉和鱼上易繁殖，多见于冷冻食品。

1.1.2 真菌性危害

1. 真菌毒素

真菌能引起农作物病害和食品霉变，产生有毒的代谢产物——真菌毒素。目前已知的真菌毒素有 200 多种，主要有黄曲霉毒素、镰刀菌毒素（如玉米赤霉烯酮、伏马菌素等）、赭曲霉毒素、单端孢菌毒素、杂色曲霉素、展青霉素等。

(1) 黄曲霉毒素

其是由黄曲霉和寄生曲霉菌株产生的杂环化合物。已发现的黄曲霉毒素衍生物有 20 多种，其中以黄曲霉毒素 B1 的毒性和致癌性最强，在食品中的污染也最普遍。

（2）赭曲霉毒素

其是由曲霉属和青霉属的某些菌种产生的二次代谢产物。该毒素是异香豆素的系列衍生物，包括赭曲霉毒素 A、B 和 C，其中赭曲霉毒素 A 是植物性食品中的主要污染物，常污染谷物、大豆、咖啡豆和可可豆等。

（3）单端孢菌毒素

其是一组生物活性和化学结构相似的有毒代谢产物，其主要毒性为细胞毒性、免疫抑制和致畸作用，可能有弱致癌性，是谷物和饲料的主要污染物。

1.1.3 病毒性危害

1. 肝炎病毒

我国食品的病毒污染以肝炎病毒污染最为严重，主要为甲型肝炎病毒（简称"甲肝病毒"）和戊型肝炎病毒。甲肝病毒可以通过食品传播。海产品携带的甲肝病毒生命力和致病性都很强。1987 年 12 月至 1988 年 1 月，上海有人因食用含甲肝病毒的毛蚶（贝壳类水产）引起甲型肝炎的爆发流行。其主要原因就是沿海或靠近湖泊地区的居民喜食毛蚶、蛏子、蛤蜊等水产食品，尤其是为了获得良好的风味，有人在食用毛蚶时，只是用开水烫一下就直接食用。这种吃法虽然使食物味道鲜美，但毛蚶中携带的甲肝病毒并没有被杀死，结果引起食源性疾病。

2. 朊病毒

朊病毒是一类不含核酸的蛋白感染因子，能引起哺乳动物中枢神经组织病变，能引起人和动物的可转移性神经退化疾病，如牛海绵状脑病（BSE，俗称疯牛病）等。由于朊病毒尚无有效的治疗方法，因此只能积极预防，对已知感染的牲畜、病人进行适当隔离。除了食入和输血引入外，朊病毒不会通过其他方式传染给人体。因此对被感染的动物进行及时无害化处理，可以阻断朊病毒的传播。

1.1.4 寄生虫危害

1. 猪囊虫

带猪囊虫的猪肉俗称"米猪肉"。如果人食用了没有死亡的猪囊虫,在肠液和胆汁的刺激下,猪囊虫的头节即可伸出包囊,以带钩的吸盘牢固地吸附在人的肠壁上,从中吸取营养并发育为成虫,即绦虫,使人患上绦虫病。

猪囊虫病的发生、流行与人的粪便管理和猪的饲养方式密切相关。一般猪囊虫病发生于经济不发达的地区,在这些地区往往是人无厕所猪无圈,甚至还有厕所与猪圈相连的现象,猪接触人粪的机会增多,造成该病的流行。此外,吃生猪肉或烹饪猪肉时间过短等,也可能造成人感染猪囊虫。

2. 旋毛虫

旋毛虫是一种很小的线虫,肉眼不易看见。当人误食含旋毛虫幼虫的食品后,幼虫则从囊内逸出进入人的十二指肠和空肠,并迅速发育为成虫,每条成虫可产 1 500 个以上幼虫。幼虫穿过肠壁,随血液循环到全身,主要寄生在横纹肌内,使被寄生的肌肉发生变性。患者初期出现恶心、呕吐、腹痛和下痢等症状,随后体温升高。成虫在肌肉内寄生,令人肌肉发炎,疼痛难忍。根据寄生的部位,人出现声音嘶哑、呼吸和吞咽困难等症状。

旋毛虫幼虫囊包对外界抵抗力较强,晾干、腌制、短时间涮食等一般都不能将其杀死。生食或半生食受感染的猪肉是人群感染旋毛虫的主要方式,占发病人数的 90% 以上。旋毛虫病目前是我国云南省最严重的人畜共患寄生虫病之一。在自然界中,旋毛虫病是肉食动物之间互食尸体而形成的寄生虫病,尤其是猪、狗、猫、狐和某些鼠类感染率较高。猪是旋毛虫病的主要传染源。食物、炊具或餐具等都可能受到旋毛虫囊包污染。吃爆炒猪肉片、未熟透的猪肉饺或涮猪肉,易引起旋毛虫病。

1.1.5 有毒植物毒素危害

在地球上几十万种已知植物种类中，有数千种含有天然毒素，而且其中的一些是常见的食物。与农药或环境污染物等人造化学品不同，天然毒素是食物内本身含有的，若食用过量就会危害人体健康，导致食物中毒。常见的植物毒素有红细胞凝集素、生物碱、氰苷、皂苷及抗营养素等。

1. 红细胞凝集素

红细胞凝集素又称外源凝集素，是一种糖蛋白，存在于大豆、四季豆、豌豆、小扁豆、蚕豆和花生等食物原料中，红腰豆中其含量最高。红细胞凝集素会刺激消化道黏膜并破坏消化道细胞，降低其吸收营养成分的功能。如果毒素进入血液，还会凝集红细胞，导致过敏反应，患者会有恶心、呕吐和腹泻等症状。因这种毒素，市场上常见的四季豆（图1-1）（又称菜豆、扁豆、刀豆、芸豆和豆角等），其引起的食物中毒事件时有发生。正确的食用方法是把四季豆浸泡透、完全煮熟，就可以破坏其中的有毒物质。

图 1-1 四季豆

2. 生物碱

生物碱是一类含氮的有机化合物，有类似碱的性质，遇酸可生成盐，如存在于食用植物中的生物碱主要有龙葵碱、秋水仙碱和咖啡碱等。龙葵碱又称茄碱、龙葵素和马铃薯毒素，是由葡萄糖残基和茄啶组成的一种弱碱性糖苷。它存在于马铃薯、番茄（图1-2）及茄子等茄科植物中。新鲜成熟的马铃薯中生物碱的含量很低，不会对人体造成不良影响，但是在发芽、变绿、腐烂的马铃薯中龙葵碱的含量很高，并会令马铃薯带苦味。这些毒素不易溶于水，对热也十分稳定。烹饪过程也不能破坏这种毒素。

图 1-2　腐败的番茄

一般而言，毒素对人体健康的影响因其浓度、摄入量及个人健康情况而定。如果食用含有天然毒素的食品，可以通过表 1-1 中的措施降低风险。儿童、年长者和身体欠佳者更需要加倍防患中毒风险。

表 1-1　常见食物含有的植物毒素及预防中毒的方法

食物	含有毒素	预防中毒的方法
四季豆、红腰豆、白腰豆	红细胞凝集素	◆把豆类浸泡透，并彻底煮熟 ◆切勿食用未煮熟的豆类
黄豆	胰蛋白酶抑制剂	◆把黄豆浸泡透，并彻底煮熟

食物	含有毒素	预防中毒的方法
杏仁、桃仁、李子仁、樱桃仁、木薯、苹果种子	氰苷	◆不要食用苦杏仁、桃仁和樱桃仁 ◆加热煮沸可使氢氰酸挥发，可将苦杏仁制成杏仁茶 ◆木薯所含的氰苷90%存在于皮内，可以通过去皮蒸煮使氢氰酸挥发，并弃去煮薯的汤和浸泡的水
马铃薯	生物碱	◆避免购买或食用已经发芽、发绿或损坏的马铃薯
银杏的果实（白果）	4-甲氧基吡哆醇	◆切忌生吃白果，必须用沸水煮熟 ◆只可少量进食，特别是儿童
鲜金针（鲜黄花菜）	秋水仙碱	◆晒干后的金针菜可以安全食用
椰菜、椰菜花、西兰花、芥菜、大头菜	致甲状腺肿物质	◆加热煮沸可以降低毒素含量

1.1.6 有毒动物毒素危害

1. 河豚毒素

河豚是一种味道极鲜美但含剧毒的鱼类。河豚中的有毒成分是河豚毒素（TTX），其毒性比氰化钾高1 000倍以上，因此河豚中毒是一种严重的动物性食品中毒，其死亡率居食物中毒死亡率的首位。河豚毒素是一种神经毒素，能阻断神经传导，使神经麻痹，致死率高达40%~60%。河豚毒素性质比较稳定，盐腌、日晒均不能将其破坏。在100 ℃下加热24小时，或在120 ℃下加热60分钟才能使之完全破坏。因此，一般家庭烹调难以去除其毒性，所以严禁擅自经营、加工和销售河豚。

2. 动物腺体和内脏中的毒素

动物腺体和内脏中的毒素包括甲状腺素、肾上腺分泌的激素、变性淋巴结及动物肝脏中的毒素、胆囊毒素等。为安全起见，防止甲状腺素中毒，建议烹调动物食品前应注意摘除其甲状腺；无论淋巴结有无病变，消费者均应将其去除；要食用健康动物的新鲜肝脏，食用前对其充分清洗、煮熟煮透，且一次摄入不能太多；如果在摘除胆囊时不小心弄破胆囊，应用清水充分洗涤、浸泡以去除残留的胆囊毒素。

3. 毒蘑菇中的天然毒素

我国已知的毒蘑菇有数百种之多。可食用蘑菇和有毒蘑菇在外观上很难区分，因此，因误食毒蘑菇而引起的中毒事件频频发生。蘑菇毒素从化学结构上可分为生物碱类、肽类（毒环肽）及其他化合物（如有机酸等），根据中毒时出现的临床症状，这些毒素可分为胃肠毒素、神经毒素、血液毒素、肝肾毒素和其他毒素 5 类。

鉴于毒蘑菇种类繁多，难以识别，所以在采集野蘑菇时，要在专业人员或有识别能力的人员指导下进行，以便将毒蘑菇剔除。对一般人来说，最有效的措施是绝对不采摘不认识的野蘑菇，也不食用不了解的蘑菇。常见的野生蘑菇见图 1-3。

图 1-3 野生蘑菇

1.2 食品加工中的化学性危害

1.2.1 环境污染导致的化学危害

1. 重金属对食品的污染

重金属是指密度大于 4.5 克 / 厘米^3 的金属，如铜、铅、锌、铁、钴、镍、钒、铌、钽、钛、锰、镉、汞、钨、钼、金、银等。大部分重金属如汞、铅、镉等并非生命活动所必需，而且所有重金属超过一定浓度都对人体有害。

（1）汞对食品的污染

有机汞曾用作杀菌剂，用以拌种或田间喷粉，目前已禁止使用。通过食物进入人体的甲基汞可以直接进入血液，与红细胞血红蛋白巯基结合，随血液分布于各组织器官，并可以透过血脑屏障（BBB）侵入脑组织，严重损害小脑和

大脑两半球，致使中毒患者视觉、听觉产生严重障碍。严重者出现精神错乱，甚至死亡。

（2）砷对食品的污染

长期摄入少量的砷化物可导致慢性砷中毒，症状为神经衰弱、食欲不振、恶心、呕吐等，同时出现皮肤色素沉着、角质增生、末梢神经炎等特有症状。患者出现末梢多发性神经炎时，四肢感觉异常、麻木、疼痛，行走困难，直至肌肉萎缩。

（3）镉对食品的污染

镉广泛存在于自然界，但含量很低。一般食品中均可以检出镉。金属镉一般无毒，而其化合物有毒。急性镉中毒会出现流涎、恶心、呕吐等消化道症状。慢性镉中毒可使钙代谢失调，引起肾结石所致的肾绞痛，骨软化症或骨质疏松所致的骨骼症状。镉有致突变和致畸作用，对 DNA（脱氧核糖核酸）的合成有强抑制作用，并可诱发肿瘤。

2. 二噁英对食品的污染

二噁英具有强烈的致肝癌毒性。二噁英的主要来源是含氯化合物的生产和使用。垃圾的焚烧，煤、石油、汽油、沥青等的燃烧会产生二噁英。一般人群接触的 90％以上的二噁英来源于膳食，尤其是鱼、肉、蛋奶等高脂肪食物易富集二噁英，其在水、空气和植物中含量非常低。

3.N- 亚硝基化合物对食品的污染

N- 亚硝基化合物是一类具有—N—N＝O结构的有机化合物，对动物有较强的致癌作用，能诱发多种器官和组织的肿瘤。我国某些地区食管癌高发，被认为与当地食品中亚硝胺检出率较高有关。在熏制、腌制食品中其含量较高，尤其是亚硝胺与酒被人同时摄入后，对人体的危害会成倍增加。

1.2.2 农药残留危害

农药按其用途可分为杀虫剂、杀菌剂、除草剂、杀螨剂、植物生长调节剂、粮食防虫剂、灭鼠药和昆虫不育剂等。按其化学组成又可分为有机氯类、有机磷类、氨基甲酸酯类和拟除虫菊酯类等类型。

1. 有机氯农药

有机氯农药是指在组成上含氯的有机杀虫剂、杀菌剂。有机氯农药包括滴滴涕（DDT，二氯二苯三氯乙烷）和六六六（BHC，六氯环己烷）、氯丹、林丹、艾氏剂和狄氏剂等。虽然此类农药于 1983 年就已停止生产和使用，但毕竟此类农药有 30 多年的使用历史，而且有机氯农药化学性质稳定、不易降解，因此，其对食品的污染仍普遍存在。

2. 有机磷农药

有机磷农药是指在组成上含磷的有机杀虫剂、杀菌剂等。多数有机磷农药化学性质不稳定，遇光和热易分解，在碱性环境中易水解。在作物中经过一段时间的自然分解，其会转化为毒性较小的无机磷。有机磷农药对食品的污染普遍存在，主要污染植物性食品，尤其是含有芳香物质的植物，如水果、蔬菜等。

3. 氨基甲酸酯类农药

氨基甲酸酯类农药用于农业生产的主要有杀虫剂、杀菌剂和除草剂。氨基甲酸酯类杀虫剂具有致畸、致突变、致癌的可能。

4. 拟除虫菊酯类农药

拟除虫菊酯类农药是近年发展较快的一类农药，是模拟天然菊酯的化学结构而合成的有机化合物。此类农药中毒者可出现头痛、乏力、流涎、惊厥、抽搐、痉挛、呼吸困难、血压下降、恶心、呕吐等症状。这类农药还具有致突变作用。

1.2.3 兽药残留危害

兽药是预防和治疗畜禽疾病的药物，一些促进畜禽生长、提高生产性能、改善动物性食品品质的药用成分被开发为饲料添加剂，它们也属于兽药的范畴。兽药残留的危害主要表现在急性中毒、过敏反应、致癌、致畸、致突变等方面。

第 2 章

食品检验的基础知识

Chapter 2

2.1 食品分析与检验的性质和作用

　　食品分析是研究和评定食品品质及其变化的一门专业性很强的实验科学。食品分析与检验依据物理、化学、生物化学的一些基本理论和国家食品卫生标准，运用现代的科学技术和分析手段，对各类食品（包括原料、辅助材料、半成品及成品）的主要成分和含量进行检测，以保证生产出质量合格的产品。同时，作为质量监督和科学研究不可缺少的手段，食品分析与检验在食品资源的综合利用、新型保健食品的研制开发、食品加工技术的创新提高、人民身体健康的保障等方面都具有十分重要的作用。

2.2 食品分析检验的方法

在食品分析检验过程中，由于目的不同，或被测组分和干扰成分的性质以及它们在食品中存在的数量的差异，所选择的分析检验方法也各不相同。食品分析检验常用的方法有感官分析法、理化分析法、微生物分析法和酶分析法等。

2.2.1 感官分析法

感官分析法又叫感官检验或感官评定，是通过人体的各种感觉器官（眼、耳、鼻、舌、皮肤）所具有的视觉、听觉、嗅觉、味觉和触觉功能，结合平时积累的实践经验，并借助一定的器具对食品的色、香、味、形等质量特性和卫生状况作出判定和客观评价的方法。感官检验作为食品检验的重要方法之一，具有简便易行、快速灵敏、不需要特殊器材等特点，特别适用于目前还不能用仪器定量评价的某些食品特性的检验，如水果滋味的检验、食品风味的检验以及烟、酒、茶气味的检验等。

依据所使用的感觉器官的不同，感官检验可分为视觉检验、嗅觉检验、味觉检验、听觉检验和触觉检验 5 种。

1. 视觉检验

视觉检验是检验者利用视觉器官，通过观察食品的外观形态、颜色光泽、透明度等来评价食品的品质（如新鲜程度、有无不良改变）以及鉴别果蔬成熟度等的方法。

2. 嗅觉检验

嗅觉检验是通过人的嗅觉器官检验食品的气味，进而评价食品质量（纯度、新鲜度或劣变程度）的方法。

3. 味觉检验

味觉检验是利用人的味觉器官（主要是舌尖），通过品尝食品的滋味和风味，从而鉴别食品品质优劣的方法。味觉检验主要用来评价食品的风味（风味是人口获得的食品的香气、滋味和口感的综合构成），也是识别某些食品是否酸败、发酵的重要手段。

4. 听觉检验

听觉检验是凭借人体的听觉器官对声音的反应来检验食品品质的方法。听觉检验可以用来评判食品的成熟度、新鲜度、冷冻程度及罐头食品的真空度等。

5. 触觉检验

触觉检验是通过被检食品作用于检验者的触觉器官（手、皮肤）所产生的反应来评价食品品质的一种方法。如根据某些食品的脆性、弹性以及干湿、软硬、黏度、凉热等情况，可判断食品的品质优劣。

感官分析的方法有很多，常用的检验方法还有差别检验法、标度和类别检验法、分析或描述性检验法等。

感官分析法虽然简便、实用且多数情况下不受鉴定地点的限制，但也存在明显缺点，由于感官分析是以经过培训的评价员的感觉器官作为一种"仪器"来测定食品的质量特性或鉴别产品之间的差异，因此判断的准确性与检验者的感觉器官的敏锐程度和实践经验密切相关。同时检验者的主观因素（如健康状况、生活习惯、文化素养、情绪等）以及环境条件（如光线、声响等）都会对鉴定的结果产生一定的影响。另外，感官检验的结果大多数情况下只能用比较性的用词（优、良、中、劣等）表示或用文字表述，很难给出食品品质优劣程度的精准的数字化表达。

2.2.2 理化分析法

根据测定原理、操作方法等的不同，理化分析法又可分为物理分析法、化学分析法和仪器分析法 3 类。

1. 物理分析法

物理分析法通过对被测食品的某些物理性质如温度、密度、折射率、旋光度、沸点、透明度等的测定，可间接求出食品中某种成分的含量，进而判断被检食品的纯度和品质。物理分析法简便、实用，在实际工作中应用广泛。

2. 化学分析法

化学分析法是以物质的化学反应为基础的分析方法，主要包括重量分析法和滴定分析法两大类。化学分析法适用于食品中常量组分的测定，所用仪器设备简单，测定结果较为准确，是食品分析中应用最广泛的方法。同时化学分析法也是其他分析方法的基础，虽然目前有许多高灵敏度、高分辨率的大型仪器应用于食品分析，但现代仪器分析也经常需要用化学方法处理样品，而且仪器分析测定的结果必须与已知标准进行对照，所用标准往往要用化学分析法进行测定，因此经典的化学分析法仍是食品分析中最重要的方法之一。

3. 仪器分析法

仪器分析法是以物质的物理化学性质为基础的分析方法。这类方法需要借助较特殊的仪器，如光学或电学仪器，通过测量试样溶液的光学性质或电化学性质得出被测组分的含量。在食品分析中常用的仪器分析方法有以下几种。

（1）光学分析法

光学分析法是根据物质的光学性质所建立的分析方法，主要包括吸光光度法、发射光谱法、原子吸收分光光度法和荧光分析法等。

（2）电化学分析法

电化学分析法是根据物质的电化学性质所建立的分析方法，主要包括电位分析法、电导分析法、电流滴定法、库仑分析法、伏安法和极谱法等。

（3）色谱分析法

色谱分析法是一种重要的分离富集方法，可用于多组分混合物的分离和分析，主要包括气相色谱法、液相色谱法以及离子色谱法。

此外，还有许多用于食品分析的专用仪器，如氨基酸自动分析仪、全自动全能牛奶分析仪等。仪器分析方法具有简便、快速、灵敏度和准确度较高等优点，是食品分析发展的方向。随着科学技术的发展，将有更多的新方法、新技术在食品分析中得到应用，这将使食品分析的自动化程度进一步提高。

2.2.3 微生物分析法

微生物分析法是基于某些微生物的生长需要特定的物质而进行相应组分测定的方法。例如，乳酪乳酸杆菌在特定的培养液中生长繁殖能产生乳酸，在一定的条件下，产生的乳酸量与维生素 B2 的加入量呈相应的比例关系。利用这一特性，可在一系列的培养液中加入不同量的维生素 B2 标准溶液或样品提取液，接入菌种培养一定时间后，用标准氢氧化钠溶液滴定培养液中的乳酸，通过绘制标准曲线比较，即可得出待检样品中维生素 B2 的含量。微生物分析法测定条件温和，方法选择性较高，已广泛应用于维生素、抗生素残留量和激素等的分析。

2.2.4 酶分析法

酶分析法是利用酶的反应进行物质定性、定量测定的方法。酶是具有专一性催化功能的蛋白质，用酶分析法进行分析的主要优点在于高效和专一，克服了用化学分析法测定时，某些共存成分产生干扰以及类似结构的物质也可发生反应，从而使测定结果发生偏离的缺点。酶分析法测定条件温和，结果准确，已应用于食品中有机酸、糖类和维生素的测定。

2.2.5 食品分析检验的发展趋势

近年来，随着食品工业生产的发展和分析技术的进步，食品分析的发展非常迅速，国际上这方面的研究开发工作方兴未艾，一些学科的先进技术不断渗透到食品分析中来，形成了日益增多的分析方法和分析仪器。许多自动化分析已应用于食品分析中，这不仅缩短了分析时间，减少了人为误差，而且大大提高了测定的灵敏度和准确度。目前，食品检验的发展趋势主要体现在以下几个方面。

1. 新的测定项目和方法不断出现

随着食品工业的繁荣、食品种类的丰富，同时也由于环境污染受到越来越多的重视，人们对食品安全性的研究使得新的食品检验项目和方法不断出现。如蛋白质和脂肪的测定实现了半自动化分析；粗纤维的测定方法已用膳食纤维测定法代替；近红外光谱分析法已应用于某些食品中水分、蛋白质、脂肪和纤维素等多种成分的测定；用气相色谱和液相色谱测定游离糖已经有较可靠的分析方法；高效液相色谱法也已用于氨基酸的测定，其效果甚至优于氨基酸自动分析仪；微量元素检测方法不断出现。微生物检验的自动化操作已在国外某些实验室中实现了，维生素K、生物素、胆碱的测定方法和维生素C的简易测定方法以及同时测定各种维生素的方法都已被相继开发出来。

2. 食品分析仪器化

食品分析逐渐地采用仪器分析方法和自动化分析方法来代替手工操作的陈旧方法。气相色谱仪（图2-1）、高效液相色谱仪（图2-2）、氨基酸自动分析仪、原子吸收分光光度计以及可进行光谱扫描的紫外可见分光光度计（图2-3）、荧光分光光度计等在食品分析中得到了越来越多的应用。

3. 食品分析自动化

随着科学技术的迅猛发展，各种食品检验的方法不断得到完善、更新，在保证检测结果准确度的前提下，食品检验正向着微量、快速、自动化的方向发展。许多高灵敏度、高分辨率的分析仪器越来越多地应用于食品分析中，为食品的开发与研究、食品的安全与卫生检验提供了更有力的手段，例如全自动牛乳分析仪能对牛乳中各组分进行快速自动检测。现代食品检验技术中涉及了各种仪器检验方法，许多新型、高效的仪器检验技术也在不断地应运而生，随着电脑的普及应用，仪器分析方法更是提高到了一个新的水平。

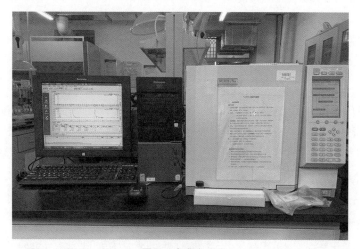

图 2-1 气相色谱仪

图 2-2 高效液相色谱仪

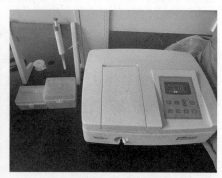

图 2-3 紫外可见分光光度计

第 3 章

食品添加剂

Chapter 3

3

随着消费者对食品要求的提升，一些天然食品在色、香、味和储藏性上已不能满足消费者的需求，食品添加剂则大大促进了食品工业的发展。《食品安全国家标准 食品添加剂使用标准》（GB 2760—2014）（以后简称《食品添加剂使用标准》）中指出，食品添加剂是为改善食品品质和色、香、味以及为防腐、保鲜和加工工艺的需要而加入食品中的人工合成的或者天然的物质。食品添加剂包括食品用香料、胶基糖果中的基础剂物质、食品工业用加工助剂等。食品添加剂的使用可以增强食品的储藏性，防止食品腐败变质；可以改善食品的感官性状，提高食品的品质；有利于食品加工操作、保持或提高食品的营养价值；还可以满足其他特殊需要，提高食品的经济效益和社会效益。

食品添加剂的种类很多，按照来源不同可以分为天然食品添加剂与化学合成食品添加剂两大类。天然食品添加剂是以动植物或微生物的代谢产物等为原料，经提取所得的天然物质。化学合成食品添加剂是通过化学手段，使元素或化合物发生氧化、还原、缩合、聚合、成盐等合成反应所得到的物质。目前食品中使用的添加剂大多为化学合成食品添加剂。食品添加剂按照用途可分为22类：酸度调节剂、抗结剂、消泡剂、抗氧化剂、漂白剂、膨松剂、面粉处理剂、被膜剂、水分保持剂、防腐剂、着色剂、稳定剂和凝固剂、胶姆糖基础剂、甜

味剂、增稠剂、护色剂、食品用香料、乳化剂、酶制剂、增味剂、食品工业用加工助剂和其他。

不管来自"天然物"还是"化学合成物",食品添加剂的使用目的到底是什么,有哪些必要性或作用?下面我们就做简要的介绍。

1. 防止食物变质,延长保存时间

(1) 用于食品保存和抑菌

防腐剂是指能抑制食品中微生物繁殖、防止食品腐败变质、延长食品保存期的物质。防腐剂一般分为酸型防腐剂(如山梨酸、苯甲酸)、酯型防腐剂(如尼泊金酯类)、无机盐防腐剂(如亚硫酸盐)和生物防腐剂(如乳酸链球菌素)。

(2) 抗氧化,抑制食物品质恶化

抗氧化剂可以防止因氧化引起的食品变质,常用于需要长期保存或食用周期较长的食品。食品被氧化后,不仅色、香、味等方面发生不良变化,还可能产生有毒、有害物质。常用的人工合成抗氧化剂有丁基羟基茴香醚、二丁基羟基甲苯、特丁基对苯二酚等,常用的天然抗氧化剂有茶多酚、植酸、维生素 C 和异抗坏血酸等。

2. 食品加工过程需要添加剂

在食品加工中使用消泡剂、助滤剂、稳定和凝固剂等可有利于食品的加工操作。例如,当使用葡萄糖酸 -δ- 内酯作为豆腐凝固剂时,可有利于豆腐生产的机械化和自动化;部分饼干、糖果和巧克力中添加膨松剂,可促使糖体产生二氧化碳,从而起到膨松的作用。常用的膨松剂有碳酸氢钠、碳酸氢铵、复合膨松剂等。

3. 提升食品品质,改善食品质量

适当使用着色剂、护色剂、漂白剂、食用香料以及乳化剂、增稠剂等食品添加剂,可以明显提高食品的感官质量,满足人们的不同需求。如使用香精可以弥补肉制品在储存过程中风味随储存期的延长而衰减的缺陷;甜味剂可以改善食物的口感;着色剂可以使食物的颜色更加好看,提升食用者的食欲。

　　还有一类常见的添加剂——增稠剂，它能发挥膳食纤维作用，常见的有胶类、多糖类、糖醇类和改良淀粉类物质，这其中有很多来自天然食材的膳食纤维，用到食品中可以起到增稠、提升稳定性的作用，同时可增加食品中的膳食纤维，提高食品的营养价值。

　　食品添加剂是食品工业的基础原料，对食品的生产工艺、产品质量、安全卫生有着至关重要的影响。滥用以及超范围、超标准使用食品添加剂，都会给食品质量、安全卫生以及消费者的健康带来巨大的损害。食品中食品添加剂的种类和数量越多，对人们健康的影响也就越大。食品加工企业必须严格执行食品添加剂的卫生标准，加强卫生管理，规范、合理、安全地使用食品添加剂，保证食品质量，保证人民身体健康。食品添加剂的分析与检测则对食品的安全起到了很好的监督、保证和促进作用。

　　在食品加工时，适当添加某些属于天然营养范围的食品营养强化剂可以大大提高食品的营养价值，这对防止人体营养不良和营养缺乏、促进营养平衡、提高人们的健康水平具有重要意义。比如，最常见的抗坏血酸，其实它本身也是人体需要的营养成分，它还有一个大家熟悉的名字——维生素 C。维生素 C 不稳定，接触空气、光照、加热、与金属容器接触，都会使它失去活性或者分解，但它有很好的抗氧化性。在人体内，它能保护细胞免受氧化损伤；添加到食品中，它能保护食物中的其他成分。在许多必须进行加热、压榨从而导致维生素 C 损失的食物中（如我们经常食用的果汁），通过添加的方式来弥补维生素 C 的损失，也相当于提升了营养价值。除了作为抗氧化剂，它还能作为酸度调节剂赋予食品酸性，在某些情况下也能起到延长保质期的作用。可用于食品添加剂的营养物质还有甘氨酸、胱氨酸、丙氨酸、苏氨酸、赖氨酸等，它们用在食品中，只要添加适量，就相当于增加了氨基酸的含量，提升了营养价值。

3.1 甜味剂是什么

　　甜味剂是指赋予食品以甜味的食品添加剂，目前常用的有近 20 种。这些甜味剂有几种不同的分类方法，按照来源不同，其可分为天然甜味剂和人工合成甜味剂；以营养价值来分，其可分为营养型甜味剂和非营养型甜味剂两类；按化学结构和性质，其又可分为糖类甜味剂和非糖类甜味剂。

　　天然营养型甜味剂如蔗糖、葡萄糖、果糖、果葡糖浆、麦芽糖、蜂蜜等，一般被视为食品原料，习惯上称为糖，可用来制造各种糕点、糖果、饮料等。非糖类甜味剂有天然的和人工合成的两类，天然甜味剂有甜菊糖、甘草甜素等，人工合成甜味剂有糖精、糖精钠、环己基氨基磺酸钠、天门冬酰苯丙氨酸甲酯、三氯蔗糖等。非糖类甜味剂甜度高，使用量少，热值很小，常称为非营养型或低热值甜味剂，在食品加工中使用广泛。

糖精的危害

　　糖精的化学名称为邻苯甲酰磺酰亚胺，市场销售的商品糖精实际是易溶性的邻苯甲酰磺酰亚胺的钠盐，简称糖精钠。糖精钠为无色结晶或稍带白色的结晶性粉末，无味或微有香气，在空气中可缓慢风化为白色粉末，甜度为蔗糖的300~500 倍。糖精钠易溶于水，浓度低时呈甜味，高时则有苦味。由于糖精不易溶于水，所以食品中一般使用的多为糖精钠，人们习惯上称其为可溶性糖精。

中国《食品添加剂使用卫生标准》（GB 2760—2007）规定的糖精钠的最大使用量为：饮料、蜜饯、酱菜类、糕点、饼干、面包、配制酒、雪糕、冰激凌等为每千克 0.15 克；瓜子为每千克 1.2 克；话梅、陈皮等为每千克 5.0 克。

糖精钠含量的测定方法有薄层色谱定性及半定量法、紫外分光光度法、酚磺酞比色法、高效液相色谱法、离子选择性电极法等。

制造糖精钠的原料主要有甲苯、氯磺酸、邻甲苯胺等，它们均为石油化工产品。甲苯易挥发和燃烧，甚至会引起爆炸，人体大量摄入后会引起急性中毒，对人体健康危害较大；氯磺酸极易吸水分解产生氯化氢气体，对人体有害，并易爆。糖精钠生产过程中产生的中间体物质对人体健康也有危害，其生产过程还会严重污染环境。此外，目前部分从小糖精钠厂流入广大中小城镇、农村市场的糖精钠还因为生产工艺粗糙、工序不完全等原因而含有重金属、氨化合物、砷等。它们在人体中长期积累，会不同程度地影响人体健康。

糖精钠是有机化工合成产品，是食品添加剂而不是食品，除了在味觉上引起甜的感觉外，对人体无任何营养价值。相反，当食用较多的糖精钠时，会影响肠胃消化酶的正常分泌，降低小肠的吸收能力，使人的食欲减退。

国外资料记载，1997 年加拿大进行的一项多代大鼠喂养实验发现，摄入大量的糖精钠可以导致雄性大鼠患膀胱癌。因此，美国等发达国家的法律规定，在食物中使用糖精钠时，必须在标签上注明"使用本产品可能对健康有害，本产品含有可以导致实验动物罹患癌症的糖精"的警示。

由于食用糖精钠对人体健康有害无益，所以一些西方发达国家都对它的使用进行严格控制，其控制标准一般为不超过消费食糖总量的 5%，且主要用于牙膏等非食品用途。而与发达国家相比，我国糖精钠使用量超出正常使用量的 14 倍。更有专家发出警告，全国糖业市场上糖精钠的份额已高达糖类市场总额的 55%～60%，严重挤占了蔗糖的份额。过量食用糖精钠会对身体造成危害，大家选购食品时，如果发现其中甜中带点苦，就要高度警惕其中是否含有糖精钠。

3.2 漂白剂不等于漂白粉

现在的人们提起食品添加剂，早就习以为常了，对于苯甲酸钠、山梨酸钾（食品防腐剂）等大家也都知道作用是什么。大家在超市买东西喜欢看看配料表，"亚硫酸钠？嗯？是什么？"拿出手机一查，它可用作食品漂白剂，那食品漂白剂到底是什么呢？

漂白剂是能破坏、抑制食品的发色因素，使色素褪色或使食品免于褐变的一类物质，可分为氧化漂白剂和还原漂白剂两大类。氧化漂白剂有过氧化氢、漂白粉等；还原漂白剂有亚硫酸钠、焦亚硫酸钠（钾）、低亚硫酸钠等。食品生产中使用的漂白剂主要是还原漂白剂，且大都属于亚硫酸及其盐类，它们都凭借其所产生的具有强还原性的二氧化硫起作用。还原漂白剂只有当存在于食品中时方能发挥作用，其一旦消失，食品可因空气中氧的氧化作用而再次显色。

由于漂白剂具有一定毒性，用量过多还会破坏食品中的营养成分，故应严格控制使用量和残留量。中国《食品添加剂使用卫生标准》规定：硫黄可用来熏蒸蜜饯、粉丝、干果、干菜、食糖，残留量以二氧化硫计，蜜饯每千克不得超过 0.05 克，其他食品每千克不得超过 0.1 克。二氧化硫可用于葡萄酒和果酒，最大通入量每千克不得超过 0.25 克，二氧化硫残留量每千克不得超过 0.05 克。亚硫酸钠、低亚硫酸钠、焦亚硫酸钠或亚硫酸氢钠可用于蜜饯、饼干、罐头、葡萄糖、食糖、冰糖、饴糖、糖果、竹笋、蘑菇及蘑菇罐头等的漂白，最大使用量每千克 0.4 克到 0.6 克。残留量以二氧化硫计，竹笋、蘑菇及蘑菇罐头不得超过每千克 0.04 克；蜜饯、葡萄、黑加仑浓缩汁不得超过每千克 0.05 克；

液体葡萄糖不得超过每千克 0.2 克；饼干、食糖、粉丝及其他食品不得超每千克 0.1 克。

加了食品漂白剂的食物究竟还能不能吃？

硫黄可以产生漂白作用。硫黄中可能含有微量砷、硒等有害杂质，这些有害杂质在熏蒸时可变成氧化物随二氧化硫进入食品，人食用后可产生蓄积毒性。食品中残留的亚硫酸盐进入人体后，可被氧化为硫酸盐，并与 Ca^{2+} 结合生成 $CaSO_4$，通过人体自身的正常解毒后随尿排出体外，因此代谢过程中可引起体内钙损失。亚硫酸盐对维生素 B 族有破坏作用，不适用于肉类、谷物、乳制品及坚果类食品。亚硫酸盐具有一定毒性，故在控制使用量的同时还要限制其残留量。

澳大利亚和美国学者提出了还原型漂白剂亚硫酸盐的安全性问题，据报道，用含 0.1% 亚硫酸钠的饲料饲喂大鼠 1~2 年，大鼠可发生多发性神经炎与骨髓萎缩等疾病，生长发生障碍。亚硫酸破坏食品中的维生素 B1，积存于体内，氧化成为硫酸，可使体内钙损失，最终从尿中排出。之后又有不少这方面的报道，还原性漂白剂的危害主要表现在可诱发过敏性疾病和哮喘。根据资料，每人每日以千克体重计算，二氧化硫摄入量不超过 70 毫克是安全的，食品中氧化硫的残留量是有限的，而且随着时间的延长，其含量会不断减少。其实跟其他一些防腐剂一样，《食品添加剂使用标准》里对上述食品漂白剂都是允许使用的，但是对其使用范围和用量都有严格规定，过量使用或超范围使用，漂白剂会对消费者健康造成危害。

漂白剂除具有漂白作用外，对微生物也有显著的抑制作用，因此也常用作食品的防腐剂。

3.3 护色剂

护色剂又称发色剂，是能与肉及肉制品中的呈色物质作用，使之在加工、保存过程中不致分解、破坏，呈现良好色泽的物质。护色剂和着色剂不同，它本身没有颜色，不起染色作用，但能与食品原料中的有色物质结合形成稳定的颜色。肉类在腌制过程中最常使用的护色剂是亚硝酸盐，它们在一定条件下可转化为亚硝酸，并分解出亚硝基，亚硝基一旦产生就很快与肉类中的血红蛋白和肌红蛋白结合，生成鲜艳的、亮红色的亚硝基血红蛋白和亚硝基肌红蛋白，亚硝基肌红蛋白遇热放出巯基，变成鲜红的亚硝基色原，从而赋予肉制品鲜艳的红色。如果加工时不添加护色剂，则肉中的肌红蛋白很容易被空气中的氧所氧化，从而失去肉类原有的新鲜色泽。

亚硝酸盐过量的危害

亚硝酸盐是无机化合物，我们在日常生活中常遇到的是亚硝酸钠，通常情况下其为白色粉末或者颗粒状，具有淡淡的咸味，易溶于水。

亚硝酸盐虽然外观与食盐相似，但是具有严重的毒性，以人的体重来计算，一个体重 60 千克的成年人，只需食用 1.32 克亚硝酸盐就会致死。亚硝酸盐中毒的发病时间很短，通常在 20 分钟至 2 小时内发病，中毒者会出现头晕乏力、胸闷、恶心、呕吐、指甲和皮肤发紫等症状，严重的会出现全身发紫、呼吸困难，这时中毒者体内产生大量高铁血红蛋白，造成中毒者昏迷、大小便失禁，甚至死亡。

任何事物都具有两面性，亚硝酸盐虽然本身具有一定的毒性，但是将其合理地运用到食品加工领域，可以发挥其着色、防腐、抗氧化等作用，为人们的生活带来便利。随着科学技术的不断发展，亚硝酸盐的应用也越来越广泛，只要合理应用，就可以保证食品的营养与安全。

中国《食品添加剂使用标准》规定，硝酸钠可用于肉制品，最大使用量为每千克 0.5 克。亚硝酸钠可用于腌制畜、禽肉类罐头和肉制品，最大使用量为每千克 0.15 克；腌制盐水火腿，最大使用量为每千克 0.07 克。残留量以亚硝酸钠计，肉类罐头不得超过每千克 0.05 克、肉制品不得超过每千克 0.03 克。

亚硝酸盐中毒是十大急性中毒之一，致病因素较多，如食用不新鲜的叶菜、未腌透的咸菜、肉制品加工中的发色剂等。除本身的毒性外，亚硝酸盐与蛋白质分解物在酸性条件下发生反应，易产生亚硝胺类致癌物，具有间接的致癌效果，特别是对胃癌来说，是一个重要的致癌因素。所以在应用亚硝酸盐时必须对其有充分的了解，并且严格控制使用量和使用环境，确保安全性。

那么，怎样才能远离亚硝酸盐这种致癌因素呢？

关于熟肉制品

　　虽然人人都知道亚硝酸盐有毒，却很少有人会想自己每天吃的肉里含有多少亚硝酸盐。厨师们表示，各种肉制品烹调中都免不了加入亚硝酸盐。在很多熟食摊上人们总会发现，越是色泽粉红鲜艳的酱肉卖得越好。其实这就得"归功于"亚硝酸盐了，它是嫩肉粉、肉类保水剂和香肠改良剂等肉制品添加剂的必用配料。虽然亚硝酸盐是有毒物质，却可以让肉类煮熟后颜色粉红、口感鲜嫩（图 3-1），且能明显延长保质期。既然消费者喜欢，加工者便利，熟肉制品店对亚硝酸盐自然是"爱它没商量"。

图 3-1 广式香肠

问题一：怎样通过色泽、口感等看出肉食是否添加了亚硝酸盐？

　　解决这个问题很简单。没有添加亚硝酸盐的熟肉颜色不可能是粉红色的。鸡肉煮熟之后应当是白色或灰白色的，猪肉应当是灰白色或浅褐色的，而本来红色的牛羊肉应当变成浅褐色至褐色。如果熟肉制品的颜色是粉红色的，而且这种粉红色从里到外都一样，那么一定是添加了亚硝酸盐导致发色。

此外，用了亚硝酸盐或嫩肉粉、保水剂的肉特别水嫩。本来肉类由肌纤维构成，煮熟之后是能够撕出肉丝来的，人们可以不断地把肉丝再撕开成为更细的丝。但加了亚硝酸盐的熟肉基本上吃不出肉丝的感觉来，有的甚至感觉比豆腐干还要嫩，而且水分特别大。

最后，用亚硝酸盐较多的肉还有一种类似于火腿的味道，和正常的肉味不太一样。需要特别提示的是，现在各种烧烤肉制品如羊肉串、腌制品，以至驴肉、鹿肉、羊杂、内脏等，都会加入亚硝酸盐。一些所谓的由"传统工艺制作"的产品，哪怕是鸡、鸭制品也不能幸免。消费者只要看到肉色呈粉红色，就应判断一下其是否加了亚硝酸盐。

正规肉制品厂的产品是可以放心食用的，工人添加亚硝酸盐时会控制用量，国家相关部门也会严格地检查、监督、管理。但消费者对小作坊、小餐馆、农贸市场的产品一定要多加注意，因为这些地方的熟食制作人员没有定量控制亚硝酸盐加入量的能力，做熟食大多凭手感，所以超标问题难以避免。

 关于腌菜

很多人都知道腌制食品对人体健康不利，除了盐含量过高之外，亚硝酸盐或亚硝胺含量高也是主要原因。腌制蔬菜中（图3-2）的亚硝酸盐是从哪里来的？原来，蔬菜在生长的过程中吸收了土壤中的氮和人为施放的氮肥，蔬菜中硝酸盐含量因而升高。硝酸盐本身无毒，但在蔬菜储藏或细菌滋生的情况下，硝酸盐被转化为亚硝酸盐，成为腌制蔬菜中亚硝酸盐的主要来源。不过，只有在腌制时间不合适的产品中，亚硝酸盐含量才会高到引起麻烦的程度。

问题二：腌制蔬菜时有什么技巧可以减少亚硝酸盐的含量？此外，怎样控制腌制的时间才能减少亚硝酸盐的含量？

用纯乳酸菌或醋酸菌接种的方法可以很好地控制腌菜中的亚硝酸盐含量，但这需要生产企业有足够的技术支持和生产条件。在腌菜中添加鲜蒜、鲜姜、鲜辣椒、维生素 C 等均可降低亚硝酸盐的含量。使亚硝酸盐保持安全水平的腌制时间与腌制温度、盐含量等因素有关，通常盐含量越高、温度越低，亚硝酸盐生成的速度越慢，达到安全限值所需的时间越长。一般来说，腌制 20 天之后，腌菜中的亚硝酸盐含量明显下降，一个月后是很安全的。家庭中往往会把蔬菜切碎加点盐，在冰箱里放两三天到五六天再吃，这种菜是很危险的，因为腌制时间不够，产生的亚硝酸盐含量很高。在餐馆里点凉菜的时候也要小心，为保险起见，不是当天制作的小菜不要多吃。

图 3-2 腌菜

 关于凉拌菜

天热时，很多家庭喜欢拌点凉菜吃，有时拌得多就放在冰箱里。虽然凉拌菜放一两天之后看起来还是新鲜脆嫩的，但其中亚硝酸盐的含量会比剩的炒菜还要多。

问题三：做凉拌菜时有何技巧可以减少其亚硝酸盐的生成？比如，加入蒜泥和柠檬汁是不是可以降低亚硝酸盐的含量？

拌菜所用的蔬菜食材本来就不太多，如果不是特意大批做的话，当顿吃完也不难。如果当顿实在吃不完，也要在 24 小时之内吃完。加了盐的凉菜如果继续存放，和腌菜实际上是一样的，1~3 天时致癌物含量最高。加大量蒜泥、大量醋或柠檬汁等能抑制细菌繁殖，也就有利于控制亚硝酸盐的产生。

 关于火锅汤

很多人觉得涮了很久的火锅汤"浓缩了食物的精华"，不喝似乎有点可惜。但是，因为目前肉类中往往添加了亚硝酸盐，而蔬菜、酸菜中的亚硝酸盐也很容易溶解在汤里面，所以喝火锅汤时要注意亚硝酸盐过量的问题。同样，反复加料煮沸、长时间煲制的老汤中也存在这样的问题，其中不仅亚硝酸盐可能过量，还因为含有大量蛋白质分解产物，容易合成亚硝胺类致癌物。

问题四：不同汤底类型，在涮锅之后的亚硝酸盐含量有何差异？比如，酸菜汤、海鲜汤、清汤、骨头汤、鸳鸯汤等的亚硝酸含量有何差异？此外，如果喜欢喝火锅汤，在什么时候喝比较合适？吃火锅时，有哪些技巧可以使汤中亚硝酸盐的含量降到最低程度？

汤里的亚硝酸盐含量与汤中的初始成分和涮料的种类都有关系。一般来说，酸菜汤和海鲜汤中亚硝酸盐含量高，这是因为酸菜本来就属于腌菜，如果腌制时间不够长，本身就是亚硝酸盐的一个重要来源。海鲜也是亚硝酸盐和亚硝胺含量高的食材。

在涮食过程中，各种蔬菜中的硝酸盐都会融入汤中，在滚沸状态下容易转变成亚硝酸盐，其中一部分还与肉、鱼、海鲜中的蛋白质分解产物合成，生成亚硝胺，使汤的危险性不断上升。因此在食用涮锅时，最好在煮沸半小时之内喝汤，煮沸一小时后就不要喝了。酸菜汤和海鲜汤最好开始喝，避免摄入过量亚硝酸盐造成危险。

我国已有多起因食用酸菜鱼之类的菜肴发生亚硝酸盐中毒的案例，主要是因为酸菜腌制时间不够，亚硝酸盐含量太高，食客吃的量又比较大所致。海鲜汤里的亚硝胺是致癌物，虽然当时不会造成中毒，但经常食用对胃癌致病风险的升高不可忽视。

 关于海鲜类产品

很多人认为海鲜营养价值高，虾皮又是补钙的好食品，于是天天都吃虾皮、小虾米、小鱼、贝粒等海鲜类产品。还有些人喜欢吃鱿鱼丝、鱼片干、咸鱼、腌肉、咸肉等。然而，一个不可忽视的问题是，这些食品都含亚硝酸盐，多吃会增加致癌危险。

问题五：吃干制海鲜食品需要控制数量吗？

虾皮、虾米（图 3-3）、鱼片、鱿鱼丝等食品在吃之前都需要好好闻一下味道，如果感觉不够新鲜，有刺鼻气味，那么它的蛋白质分解产物低级胺类就很多，产生的亚硝胺类物质一定少不了。有些人喜欢买粉红色的虾皮和小虾，这

图 3-3 虾类产品

实在是极不明智的事情，因为新鲜的虾皮应当是白色的，粉红色不是已经不新鲜了，就是被染了色……此外，吃海鲜干货一定要控制数量，经常吃是很不明智的，鱼片和鱿鱼丝最好是偶尔食用。

 谣言粉碎：千万不能吃剩菜剩饭

蔬菜储藏之后亚硝酸盐含量会上升，烹调之后也会产生亚硝酸盐，这是因为很多细菌能把菜中的硝酸盐转化为亚硝酸盐。一家人吃饭时，几双筷子与菜反复接触，已经让细菌充分接种。即便吃完之后把剩菜放在冰箱里，细菌也会缓慢地滋生，放的时间越长，产生的亚硝酸盐就越多，具体产生多少，要看细菌滋生的数量。

家中剩了菜，可能会增加亚硝酸盐，节俭的主妇又舍不得丢掉，这时该怎么办？

将炒过的菜打包后马上放到冰箱里，实际上亚硝酸盐的产生量并没有想象中那么多，仅仅是上升一两倍而已，不会达到中毒、致癌的程度。如果蔬菜在炒、拌之前经过焯水，那么大部分亚硝酸盐已经流失在水里，所产生的亚硝酸盐更少。所以，完全没有必要如临大敌，把隔夜菜说成是有毒的东西。此外，隔夜的拌木耳、银耳汤也不会达到引起中毒的程度，它们本来就是水发品，经过反复水泡，亚硝酸盐含量已经大大降低，目前还没有证据证明放一夜的银耳汤亚硝酸盐含量会超过标准，除非水质本身有问题。

隔夜菜想要放心吃，就要做好以下3点。

1. 一定要放冰箱

吃完后的食物一定要放到冰箱里冷藏，特别是夏天，如果不放到冰箱，食物很快就会变色、变质、变味。而且有研究表明，低温确实能有效抑制微生物

和细菌的繁殖，进而也能减少亚硝酸盐的产生。所以剩菜剩饭一定要放到冰箱里进行冷藏。

2. 最好分开盛放

我们在家里吃饭时，大多时候不分餐，而我们在吃饭时都会在筷子上留下唾液，这很容易滋生细菌。所以如果你觉得一盘菜一顿吃不完的话，在出锅的时候就分到不同的盘子中，提前将菜分开盛放，准备放入冰箱的一份就放入冰箱，这样菜品中细菌的基数很低，第二天可以放心食用。如果菜已经被众人的筷子翻动过，在室温下存放了 2 小时以上，冷藏的时候就要将菜品在盘子中铺平，放在冰箱的低温处，使其尽快冷却到冷藏室的温度，减少细菌滋生的机会。第二餐食用时，一定要彻底热透，加热至 100 ℃以上，另外一定注意菜千万不要反复多次地加热食用。

3. 一定要密封

将剩菜放入冰箱之前，一定要先进行密封处理，这样能减少食物被细菌污染的机会。这主要因为冰箱里虽然温度低，但冰箱不是消毒柜，可能会存在一些耐低温的细菌，将饭菜封起来就能有效避免冰箱中的细菌进入饭菜中。而且将饭菜密封既能防止细菌交叉感染，又能防止串味道。

不剩菜是我们的理想情况，但是对于肉类食品，通常一顿是吃不完的，做一次肉吃两三顿是常见的情况。只要烹饪之后分装保存，第二餐加热食用，也是安全的。

3.4 防腐剂

食品防腐剂是指防止食品腐败变质、延长食品储存期的物质。常用的食品防腐剂种类繁多，可以分为合成类防腐剂和天然防腐剂两大类。合成类防腐剂又分为无机防腐剂和有机防腐剂。有机防腐剂主要有苯甲酸（苯甲酸钠）、山梨酸（山梨酸钾）、对羟基苯甲酸酯类、脱氢醋酸、双乙酸钠、柠檬酸和乳酸等；无机防腐剂主要包括硝酸盐及亚硝酸盐类、二氧化硫、亚硫酸及盐类、游离氯及次氯酸盐等。

第 3 章 食品添加剂

添加了防腐剂的食品就不安全吗？

　　罐头保质期长，是因为添加了大量防腐剂吗？方便面、酱油以及市面上的各种休闲零食"不添加防腐剂"的就更好吗？随着消费者的食品安全意识不断提高，越来越多的食品生产企业在食品包装上突出产品个性标签，如用"零添加""不含添加剂"来吸引消费者。很多消费者也以其作为购买食品的选择标准。但防腐剂是不是必须要添加？"零添加"是否就意味着健康呢？

　　以酿造酱油为例，这类产品在没有添加防腐剂的前提下，未开封的保质期基本在两年左右。酿造酱油在加工过程中经过了严格的高温杀菌、无菌灌装等工序，严格控制微生物的生存与繁殖。除此之外，酿造酱油的原材料一般为大豆、脱脂大豆、黑豆、小麦或麸皮。这些粮食作物在发酵菌的作用下会产生多种氨基酸，继而会代谢出苯丙酮酸、苯乙酸及苯甲酸等物质，这些物质自身也有抑制微生物繁殖、生长的作用。除了酱油外，醋的道理也与之相似。

　　商场超市出售的一些鲜味生抽类酱油中的盐分不高，而一瓶酱油不可能在几天内用完，其中的盐分不能在几个月内抑制微生物的生长，为了防止生霉变质，因此多数的酱油产品中会添加国家许可使用的防腐剂。

　　此外，"方便面含大量防腐剂"这样的信息也是不靠谱的。携带方便的方便面由面饼、菜包、调料包、酱包、油包等组成。方便面的主要成分——面饼的水分含量、配料成分和加工工艺决定了它不需要防腐剂，因为面饼的水分含量为 10%~15%。虽然有一点点水，但这些水分无法让腐败微生物利用，因此也就不需要防腐剂。一些菜包中多为经冷冻干燥的蔬菜粒，由于水分含量极少，微生物无法生长，因此不需用防腐剂。一些带水分的菜包通常也不需要添加防腐剂，因为它们盐分高，比如常见的酸菜、榨菜等，本身就可以抑制微生物的生长。

　　但也有一些菜包有可能含有防腐剂，比如酸菜牛肉面的菜包里有泡姜，方便面厂采购的泡姜原料里就已经有焦亚硫酸钠了。至于调料包、酱包、油包，盐分都很高，或是含油量大，因此也不需要添加防腐剂。

因此，网络上不时爆出的"罐头保质期长是因为加了大量防腐剂""方便面含有大量防腐剂"的观点也多次被辟谣。并非所有食品都需要添加防腐剂，有些食品本身就不容易变质，因此也就不需要防腐剂。如蜂蜜、食盐等食品，微生物在其中无法生长，不需要加防腐剂。业内专家表示，对于加工食品而言，人人喊打的防腐剂或其他食品添加剂并没有消费者想象中的那么"恐怖"，有一些产品虽注明不含防腐剂，但并不代表这些食品是"纯天然"的，可能会放了其他添加剂，比如氧化剂、增鲜剂等。

消费者购买产品时可以多看看配料表，看到含有防腐剂也不用担心。不含防腐剂也并不能说明更健康，只要厂家按照国家标准，在食品中合理使用防腐剂等食品添加剂，就不会对人体健康造成损害。

谣言粉碎：罐头没营养，还含有大量防腐剂

从肉制品罐头到各种水果罐头，作为现代食品工业中的重要一员，罐头食品曾非常受市场欢迎。但随着经济的发展以及冷链保存、运输技术的不断成熟，人们在食品消费方面有了更为丰富的选择，新鲜与健康成为消费的主流趋势，而罐头食品被打上了"不健康"的标签。其实罐藏是国际公认的一种安全可靠的食品保藏方法，因安全、营养、卫生的特性，罐头食品在经济发达国家为大众所喜爱。

罐头食品的长期保存主要依赖于真空、密封和无菌无氧状态，在这种状态下微生物没有生长、繁殖的条件，因此罐头食品根本不需要添加任何防腐剂就能达到长期保存的目的。不能简单地将罐头"保质期长"的特性与"防腐剂"相挂钩，而忽略了密封容器以及杀菌处理流程在其中发挥的作用。另外，认为罐头没营养也是一种误区。在罐头加工的过程中，应用巴氏灭菌法时，蔬菜、水

果罐头的加工温度不会超过 100 ℃；而我们日常的家庭烹饪温度很容易就会超过 200 ℃。因此，制作罐头时的高温杀菌过程并不会破坏水果、蔬菜中的大部分营养成分。

需要提醒大家的是，在购买罐头产品时一定要注意识别、选择知名厂家和品牌产品，同时注意观察罐头的外观，查看罐头是否生锈、标签是否受到污染、然后再看罐头盖是否平整，稍向内凹，没有鼓气、发胀的罐头才是可以正常食用的罐头。

老人可以备点鱼罐头（图 3-4）。鱼类营养丰富，但做着麻烦，还因为有刺，老年人吃起来不方便。鱼类罐头就能很好地解决这个麻烦。因为鱼罐头中鱼的骨头已经很酥烂，并且钙质大量溶出，更适合老人食用。

图 3-4 鱼罐头

儿童可吃水果罐头。研究显示，水果罐头与新鲜水果的营养相差不大，不过因为糖分偏高，不太适合老年人，但对儿童就很适合。一来水果罐头比较软，适合消化功能不太好的儿童。二来，许多本来非常酸的水果，比如黄桃，在加工成罐头（图 3-5）后就香甜可口。其实我们吃的果粒酸奶用的也是水果罐头。水果罐头不单能直接吃，还能轻松做出美味，如黄桃酸奶、冰糖雪梨银耳汤、糖水山楂拌白菜心等。

图 3-5 黄桃罐头

3.5 合成色素

当今很多消费者关注食用色素的制作原料问题，相对于合成或人工色素，越来越多的消费者更加崇尚天然色素。其实不论染色料用何种原料制作，只要经过安全评估可以作为食品用途且使用适当，就不会对人体产生危害。相对于天然色素，合成色素有坚牢度高、染着力强、色泽艳丽、易于调色和成本低廉的优势，但其安全性需要严格控制。我国通过食品法律法规，在限制其用量和应用范围的安全性管理的前提下，允许部分合成色素用于食品领域。

合成色素是一类重要的食品添加剂破坏。在食品的色、香、味、形等感官特性中，色泽最先刺激人的感觉（图 3-6）。色泽是食品内在审美价值重要的属性之一，也是鉴别食品质量的基础。一般新鲜食品大都具有与自身统一的色泽，这种色泽与它周围的色调同时构成对人的感官刺激，引起人们的食欲。为了保护食品正常的色泽，减少食品批次之间的色差，保持外观的一致性，提高

图 3-6 色泽鲜艳的圣诞果

商品价值，人们通常通过在食品中添加一定量着色剂来达到着色的目的。由于自身所具备的优良性能和食品工业发展的需求，且国家采取严格的限量使用措施，保障使用安全，合成色素的使用量呈上升趋势。我国允许使用的合成色素包括赤藓红、靛蓝、柠檬黄、日落黄、苋菜红、新红、胭脂红、诱惑红、亮蓝等。

市场上花花绿绿的果冻、五颜六色的糖果、彩色的冰激凌和蛋糕 (图 3-7)，这些具有诱人颜色的食物让人毫无抵抗力，但色泽鲜艳的食物到底安不安全呢？专家介绍，滥用色素是危害健康的，但是合理使用合成色素不会危害健康，合成色素在合理使用范围内是安全的。

图 3-7　马卡龙蛋糕

比如我们常见的猪肉背面有一片蓝色的印记，这蓝色到底是什么？其实这种蓝色的印记是猪肉健康的证明，猪肉上的蓝色印记用的颜料既不是蓝墨水，也不是蓝色印泥，而是用食品级色素配制而成的。所以，食用带有合格印记的猪肉是不会对身体造成伤害的。如果为了食物的美观想要去除蓝色印记，可以将猪肉皮切除，或将猪肉浸泡在食用碱中，过 30 分钟之后清洗干净即可。

如何区分果汁糖和果味糖？

80% 的水果糖不含果汁，而是由香精和色素调和而成的。食品中常用的合成色素种类有苋菜红、胭脂红、柠檬黄、日落黄、靛蓝等。天然的色素主要有胡萝卜素和红曲红等。对于小朋友爱吃的糖果（图 3-8），如何区分是果汁糖还是果味糖呢？

果汁糖是用甘蔗或甜菜等制糖的原料榨制出的糖浆，经过冷却、成型、凝固等工艺制成的。为了使这些糖具有不同的果香味，就必须加入不同的调味剂和香料。比如柠檬糖就有酸酸的柠檬味，橘子糖就有清香的橘子味……这些制造水果糖的香料有一些是从天然植物中提取的，像椰子糖、薄荷糖；也有一些是用化学方法合成的，制造出类似天然果香的各种香精，像芒果味、哈密瓜味、榴梿味等，都可以制造出来。根据糖果行业的标准以及标签的相关法规，原果汁含量低于 2.5% 的糖就不可称为果汁糖，而不含果汁等水果成分的糖果，可以不标示原果汁含量，只能称为果味糖。不过，其实有 80% 的水果糖都是用香精和色素等添加剂调制出来的，因为这样原料成本低很多。

知名品牌的糖果在这方面做得严谨些，基本上从糖果名称就可辨认出其是否真正添加果汁，是果汁糖还是果味糖。部分果汁软糖添加的是鲜榨后冷藏的纯天然果汁，果汁含量可达到 30%。消费者除了可以从标签上辨别真假果汁糖外，还可以从糖果本身来区别。真正的果汁糖用纯果汁熬制，糖体稍显浑浊，香味更纯、更淡一些；果味糖则很香，但人吃了以后不会留有余香，通过这种口感的区别也可以辨别出果汁糖与果味糖。

图 3-8 水果糖

注意区别勾兑酒和酿造酒？

1. 如何模仿葡萄酒的颜色？

我们了解一下化学红酒的颜色是如何得到的。勾兑葡萄酒时首先配颜色。红色和蓝色是红酒勾兑所必备的颜色！向矿泉水里面加入蓝色和红色的色素，通过反复调和，这杯水的颜色会变得和红酒一样，基本能达到以假乱真的程度。

2. 如何模仿葡萄酒的味道？

为了避免不法分子的恶意模仿，这里略去添加剂的具体名称。将这种添加剂加入勾兑酒中，勾兑酒就可以产生葡萄酒的香味。如果模仿干红葡萄酒酸涩的口感，不法分子会在勾兑酒中加入一些酸和廉价的添加剂，甚至为了降低成本使用工业酒精。这种勾兑出的红酒从外观上看和酿造的酒没有太大的不同。

3. 勾兑酒和酿造酒在口味上有什么区别？

化学勾兑酒的酒味会更浓一点（因为它是由香精勾兑出来的），喝的时候有些辣嗓子，而酿造的红酒都是通过葡萄发酵来酿造的，有着柔和的香味。市面上有的掺假酒是勾兑酒和酿造酒各含一半，这样人们就很难区分它是真酒还是假酒了。

第 4 章

食品中的有害元素

Chapter 4

4

　　人体内已经发现的几十种元素中，除去构成水分和有机物质的 C、H、O、N 四种元素外，其余的统称为矿物质。其中，含量在 0.01% 以上的称为大量元素或常量元素，含量低于 0.01% 的称为微量元素或痕量元素。这些元素有的是维持人正常生理功能不可缺少的物质，有的是机体的重要组成成分，有的则可能是通过食物和呼吸偶尔进入人体内的；有些元素对人体有重要的营养作用，是生命活动所必需的，而有些则是有毒性的。另外，即使是那些对人体有重要作用的元素，也有一定的需要量范围，摄入量不足时可产生缺乏症状，摄入量过多时则可能发生中毒。在有些情况下，体内元素的过量比缺乏对人体的危害更大。

4.1 食品中重要的矿物质元素及其营养功能

　　人体及动物体需要7种比较大量的矿物质元素（钙、镁、磷、钠、钾、氯、硫）和14种必需的微量元素（铁、铜、锌、碘、锰、钼、钴、硒、镍、锡、硅、氟、矾、铬）。根据矿物质在生物体内的功能，可将它们分为3类：①涉及体液调节的矿物质；②构成生物体骨骼的矿物质；③参与体内生物化学反应和作为生物体化学成分的矿物质。

　　1. 常量元素

　　常量元素中，钙、磷是构成骨骼和牙齿的主要成分之一。钙可促进血液凝固，控制神经兴奋，对心脏的正常收缩与弛缓有重要作用。当血液中的钙离子含量过低时，人会发生抽搐现象。食物中钙的最好来源是牛奶及奶制品、新鲜蔬菜、豆类和水产品等。

　　2. 微量元素

　　生物体内的微量元素可分为必需和非必需两大类。必需元素是构成机体组织、维持机体生理功能、生化代谢所需的元素。这些元素为人体必需，在组织中含量较为恒定，不能在体内合成。在14种必需的微量元素中，对人体最重要的是铁、锌、铜、碘、锰、钴、硒等。其中，铁是食品中最重要的组成元素之一，在生物体内含量也十分丰富。铁参与构成血红素和部分酶类，缺铁将导致贫血。含铁最丰富的食物有动物肝脏、鱼、红肉等。锌也是人和动物所必需的营养元素，锌存在于至少25种食物消化和营养素代谢的酶中。锌缺乏时会引起人的味觉减退、生长停滞，动物性食品和粮食制品都是锌的重要来源。

4.2 有害元素及其危害

除了必需的和非必需的元素外，还有一些元素是环境污染物，它们的存在会对人类健康造成危害，称为有害元素。食品中的有害元素主要是铅、铝、砷和汞等。

食品中含有的少量天然重金属化合物对人体无毒性作用，但食品在生产、加工、储存和运输过程中，常常会由于污染等原因而使得某些重金属含量增加，如工业"三废"的污染、食品添加剂的使用、食品加工和储存过程中使用各种含有重金属的容器、器械、包装材料等。有害元素对人体的危害，除因大量摄入可能发生急性中毒外，还可由于长期食用含量较少的有害元素因蓄积作用而发生慢性中毒，引起肝、肾等实质器官及神经系统、造血系统、消化系统的损坏。

需要注意的是，必需元素和有害元素的划分只是相对而言，即使对人体有重要作用的微量元素如锌、铜、硒等，过量时同样对人体有害的。《食品添加剂使用标准》对食品中有害元素的含量都做了严格规定。

食品中有害元素污染具有哪些危害？

危害 1 砷的危害

砷虽然是一种非金属，但由于其许多理化性质类似于金属，故被称为类金

属。砷通常用于农药和畜禽的生长促进剂中，食品中如果带有过多砷类物质的话，可使人体内很多酶的活性以及细胞的呼吸、分裂和繁殖受到严重干扰而引起体内代谢障碍。此外，如果人发生砷中毒的话，还会出现胃肠炎等症状，严重时还可以导致中枢神经系统麻痹、甚至死亡。砷还有致癌性。

危害 2　镉的危害

镉是自然界中分布广泛的白色金属。镉在食品中如果含量过高的话，一旦进入人体内，就会蓄积于肾脏和肝脏中，损害肝肾、骨骼和消化系统，导致病人骨痛难忍，甚至导致死亡。人若发生急性镉中毒，通常会出现呕吐、腹泻、头晕、多涎、意识丧失等症状。镉是导致骨骼突变、致畸或者引发癌症的一种有毒物质。

危害 3　汞的危害

汞也就是我们通常所说的水银。汞是一种致命的有毒物质，汞中毒者一般会出现手指麻木、口唇和舌头麻木、说话不清、视野缩小、运动功能失调症状，神经系统受损严重时还会出现瘫痪、肢体变形、吞咽困难等症状，甚至死亡。

危害 4　铅的危害

铅一旦进入人体后，一部分可经肾脏和肠道排出体外，但是没有被排出体外的铅则会取代骨中的钙而蓄积于骨骼内，一旦人体内的铅元素过多，就会损害人体的肾脏、造血及神经系统。铅中毒还会引发贫血、智力低下、反应迟钝等，因此通常来说铅主要危害孕妇、胎儿、婴幼儿和儿童，因此建议此类人群远离含铅食品。

上述元素对人体的危害见图 4-1。

危害 5　铝的危害

铝经常作为膨松剂应用于面食加工中（图 4-2），铝制炊具及容器也是人摄入铝的主要途径。铝是一种低毒的金属元素，进入细胞后可与蛋白质、酶等结合，影响体内的多种生化反应，干扰正常代谢，导致功能障碍。人体摄入铝后只有少部分能排出体外，大部分在体内慢慢累积，其引起的毒性缓慢且不易察觉，然而一旦发生代谢紊乱的毒性反应，后果则非常严重。铝如果通过血脑屏障进入颅脑，会使神经纤维变性，使大脑衰老，引起早老性痴呆、记忆力下降、意识模糊、行为不协调等现象。如果沉积于骨中，会导致骨软化，中毒者出现骨痛、易骨折、肌肉疼痛及肌无力等症状。

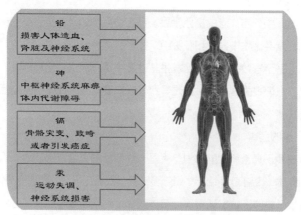

图 4-1 有害元素对人体的危害

图 4-2 常见的加入铝的食品

4.3 导致食物中出现金属污染的原因都有哪些

目前，单靠人工已经满足不了人们日益增大的食品生产需求，因此很多食品加工厂都使用机器来加工食品，而食品在机械、管道、容器中难免会接触到金属物质。环境中的高本底重金属含量对食品有影响。由于某些地区自然地质条件特殊，如矿区、海底火山活动的地区，因为地层中有毒金属的含量高而使动植物有毒金属含量显著高于一般地区。

人为的环境污染也会造成有毒有害金属元素对食品的污染，比如说工业生产中排放的含重金属的废气、废水和废渣，农用化学品如含重金属的农药和化肥均可造成水体及土壤的环境污染，从而使食品受到污染。

若想判断食品在生产和加工的过程中是否存在金属物质超标，可以借助于专门探测金属物质的金属探测器来检测食品是否合格，如果食品内金属物质超标的话，那么金属探测器就会发出警报，提醒监测人员食品内存在金属超标等问题。

蔬菜、大米中检出重金属超标是什么原因？

蔬菜的营养价值不可低估，人体必需的维生素 C 的 90%、维生素 A 的 60% 均来自蔬菜，可见蔬菜对人类健康的贡献之巨大。2020 年 7 月 19 日，某市场监督管理局组织抽检，其中因重金属超标不合格的韭菜（图 4-3）有三个批次，其镉元素含量不符合食品安全国家标准规定。生姜也是常见的食材（图 4-4），生姜能够使各种菜肴鲜美可口，不少菜品都离不开姜汁、姜末的调味。同时，生姜对我们的身体也有诸多好处。某市场监督管理局发布2020 年第 7 期食品抽检信息，其中两批次辣姜（也称生姜）因检出铅（以Pb 计）项目不合格被通报。铅、镉是最常见的重金属元素污染物。土壤、空气和水源中都不同程度地含有一定量的铅，这些铅会通过空气、水源和土壤进入我们的食物中。重金属超标的原因可能是原料在种植过程中对环境中重金属元素的富集，或由辅料带入，亦可能是食品生产加工过程中的加工设备、容器、包装材料中的重金属迁移带入。

图 4-3 韭菜

图 4-4 生姜

除了蔬菜之外，大米中重金属超标现象也时有发生。一般来说，通过食物摄入重金属一般不会造成健康损害，只有在长期摄入重金属并积累到一定程度时才会造成健康损害。对于大米，在选购时应尽量选择正规厂家的大米，确保来源可靠，避免长期食用同一产地和品牌的大米，最好定期更换大米品牌。挑选袋装大米时，注意大米包装袋上的产品信息标签，大米包装袋上印有 GB/T 1354 字样的，是有基本保障的。由于散装大米价格较袋装大米便宜，随吃随买，方便灵活，不少人热衷于选购散装大米。但散装大米存在的问题也不少，如长期暴露在空气中容易吸附水汽和尘土、产品信息不明确等，所以尽量不选购散

装大米。

2005 年，我国将大米中铅的限量降低到 0.2 毫克 / 千克，2 年之后的监测数据表明，我们的铅摄入量下降了 37%。随着科技的进步、人们对食品安全的重视、现代检测技术的飞速发展，我们对食品中有害元素的检测极限已经达到很低的浓度。在食品中"检出"某种物质，必须从剂量决定毒性的角度看问题，因此也不要因为一些不必要的担忧而因噎废食。

日常生活中，食用以下食物对去除体内的重金属元素有帮助。

1）牛奶。它所含的蛋白质成分能与体内的铅结合成一种可溶性化合物，从而阻止人体对铅的吸收，促进铅的排出。

2）海带。海带具有解毒排铅功效，可促进体内铅的排出。

3）大蒜。大蒜中的某些有机成分能结合铅，具有化解铅的毒性的作用，可帮助肝脏排出有害重金属。

4）蔬菜。油菜、卷心菜、苦瓜等蔬菜中的维生素 C 与铅结合，会生成难溶于水的且无毒的盐类，通过肠道排出体外。

5）水果。猕猴桃、枣、柑橘等所含的果胶物质可使肠道中的重金属沉淀，从而减少机体对重金属的吸收。

第 5 章

食品中农药、兽药的残留

Chapter 5

　　自然界中，按其原来的用途正常使用导致人体生理机能、自然环境或生态平衡遭受破坏的物质或含有该物质的物料称为有害物质。凡是以小剂量进入生物体的、通过化学或物理化学作用导致生物机体健康受损的物质称为有毒物质。有害物质包括普通的有害物质、有毒物质、致癌物质和危险物质。食品中的有毒、有害物质有的来自食品原料中的固有毒素，有的是因为农药、兽药使用不当或环境污染，还有一些特定食品加工工艺、食品包装材料及加工、储藏、运输过程也会产生有害物质。食品中的有害元素主要有铅、镉、汞、砷等，其主要来源是工业"三废"、化学农药、食品加工辅料等。有害元素污染食品后，随食品进入人体内，会危害人体健康，甚至致人终身残疾或死亡。

　　食品中有害物质常用的检测方法有薄层色谱法、气相色谱法、高效液相色谱法、质谱法、色谱－质谱联用法、酶联免疫吸附法和比色法。比色法操作简便迅速，因此实验室中较常用。检测食品中的有害元素可以分析食品中有害元素的种类及含量，防止有害元素危害人体健康，也为加强食品生产和卫生管理提供依据。

5.1 食品中的农药残留

5.1.1 农药和农药残留

农药是指用于预防、消灭或者控制危害农业、林业的病、虫、草和其他有害生物及调节植物生长的化学药剂。农药按用途可分为杀虫剂、杀菌剂、除草剂、杀螨剂、植物生长调节剂、杀鼠药、昆虫不育剂等；按化学成分可分为有机磷类、氨基甲酸酯类、有机氯类、拟除虫菊酯类、苯氧乙酸类、有机锡类等；按毒性可分为剧毒、高毒、中毒、低毒、微毒五类；按农药在植物体内残留时间的长短可分为高残留、中残留和低残留三类。

农药残留是农药使用后，残存于生物体、食品（农副产品）和环境中的微量农药原体、有毒代谢物、降解物和杂质的总称。残存的数量称为残留量，单位为毫克／千克或微克／千克（食品或食品农作物）。农药在防治农作物病虫害、控制人类传染病、提高农畜产品的产量和质量以及确保人体健康等方面都起着重要的作用。但是，大量广泛使用农药也会对食物造成污染。

5.1.2 食品中农药残留的危害与应对

食品中普遍存在农药残留，残留量因食品种类及农药种类的不同而有很大差异。农药残留量超过农药残留限量时会对人体或动物产生不良影响。1994 年，我国农药中毒人数超 10 万人，大部分是由于农药残留引起的。农药的毒性都很大，有的还可以在人体内蓄积，食品中残留农药过高会导致癌症和帕金森综合征。

谣言粉碎：蔬菜泡越久，农药残留越少

农药残留是果蔬界的一大难题，近年来，我国每年由于食用受农药污染的食品而导致中毒的人达到 20 万左右，约占食物中毒人数的三分之一。长期摄入过量农药会对人体的多个系统造成危害。

许多人都习惯在洗菜后将其浸泡一段时间以去除残留农药（图 5-1），为了达到更好的效果，有些人会将浸泡时间延长至 3~4 小时甚至一夜。但是你知道吗？这一看似健康的行为，却不仅会降低蔬菜的营养含量，甚至有可能会让菜越泡越脏。蔬菜泡越久农药残留越少？其实菜更脏了。

浸泡时间越久越好吗？

按照溶解性能来分，农药可以分为水溶性和脂溶性两类。水溶性农药主要有敌百虫、乙烯利、杀虫双等；脂溶性农药大多为有机磷类农药，如乐果、氧化乐果等。

目前用于果蔬的农药大多以脂溶性农药为主，这是因为脂溶性农药的渗透性远远大于水溶性农药，其防治效果会比水溶性的农药好很多。但与此同时，这一现象也造成脂溶性农药在果蔬表面的残留量远远高于水溶性农药。传统用水浸泡的方法只能去除果蔬表面的水溶

图 5-1 浸泡的蔬菜

性农药，却不能去除主要农药残留物质——脂溶性农药。而且在浸泡过程中，水溶性农药会溶解在水中并形成具有一定浓度的农药水溶液。若浸泡时间过久，则很有可能导致水中的农药被果蔬重新吸附。

此外，若是浸泡时间过久，还会造成蔬菜中的许多水溶性营养素如维生素C、维生素 B 以及钙、镁、铁、锌等溶解在水中从而造成其营养成分损失。因此，用清水长时间浸泡果蔬的这一方法并不科学，不仅不能提高农药残留的去除率，甚至可能会造成果蔬重新吸附残留的农药及营养成分流失。

如何正确地去除农药残留？

显然，传统的浸泡法不可行，我们又该如何正确地去除农药残留呢？

1. 焯水

将蔬菜洗干净后焯水 1~1.5 分钟可以去除其大部分的农药残留，而且不会对蔬菜的营养成分造成过多损失。以菜心为例，清水漂洗只能去除其残留的 30% 的甲胺磷，而焯水 1 分钟则可以去除 90% 以上。

2. 去皮

对于一些不能焯水的水果以及表皮较厚的蔬菜（如黄瓜、萝卜等），可以通过去皮的方式来去除农药残留。一般的农药仅残留在蔬菜、水果表面，故用去皮的方式可去除 90% 以上的农药。

3. 用弱碱性水漂洗

厨房中常见的弱碱性水主要有淘米水、面粉水以及小苏打水。绝大多数的农药在碱性条件下都容易溶解，因此使用这类弱碱性水漂洗果蔬，其农药残留去除率要比用普通的清水冲洗高一些。

4. 用活水冲洗

用活水冲洗果蔬代替长时间浸泡果蔬，不仅可以提高农药残留的去除率，且不会造成营养成分的大量损失。同时，我们也提醒大家，在清洗蔬菜时一定要先洗后切以保证蔬菜的完整性，这样不仅可以防止溶解在水中的农药通过蔬菜的切面渗入蔬菜内部，还可有效预防其水溶性营养成分的溶解损失或氧化损失。

5. 巧用洗洁精清洗

清水洗涤可以去除绝大部分的水溶性农药残留，但对于脂溶性的农药残留，我们则需要借助洗洁精的作用。在清洗果蔬时，在浸泡的水中加入 1~2 滴食用洗洁精，并浸泡 3~5 分钟，之后再用清水充分冲洗，即可去除大部分的脂溶性农药残留。

如何挑选低残留量蔬菜？

在学会了如何清洗果蔬之后，我们也应该学会如何挑选低农药残留量的果蔬，从源头减少农药的摄入。

1. 选择来源正规的果蔬

大多数人会选择来源正规的肉制品，但在购买果蔬时往往没有这个概念。事实上，大型超市、农贸市场、水果超市中的果蔬会进行农残检测，在销售过程中，也会不定期接受监管部门的抽检。一般而言，来源正规的果蔬农药残留量会比普通商贩销售的低一些。

2. 看外观

我们不建议消费者购买外观过于艳丽的果蔬，这类果蔬可能是喷洒了药剂从而导致其外观比较吸引人。但同时，我们也不建议消费者购买带有虫眼的号称"无农药"的蔬菜，这类果蔬不一定没有打农药，而是病虫害发生后才打药，其上不仅残留有农药，其农药还极有可能通过虫眼渗入果蔬内部，造成其农药残留量严重超标。综合来说，消费者在购买果蔬时，选择成熟度适中、色泽外观正常者即可。

3. 闻味道

在购买果蔬之前，可以闻一闻它们的味道，如果气味异常，略有刺鼻气味则不要购买，这有可能是由于残留有大量的具有刺激性味道的农药所导致的。而对于豆芽、菌菇等食物，若色泽较白且具有刺激性的气味，则很有可能是通过二氧化硫漂白过的，长期食用这类漂白食物对人体有害，建议消费者不要购买。

谣言粉碎：水果上的"白霜"是农药的残留物吗？

大家在选购水果时，经常会发现一些水果的外皮有一层白霜，其中葡萄、苹果和李子表面的白霜特别明显。有人说水果上有白霜说明水果新鲜，但也有人说苹果等水果表皮上的白霜是果农为了防止水果产生病害而使用的杀菌剂的残留，这些杀菌剂是用硫酸铜或硫酸铜和石灰混合加水溶解制成的，水果皮上的白霜和蓝色斑点就是石灰粉和硫酸铜的残留物，对人体有一定毒性。那么，这些白霜到底是什么呢？

其实，在果蔬生长过程中会经常用到一种白色的农药——石硫合剂，它是由生石灰、硫黄粉和水按一定配比加热制成的，可防治果树白粉病、锈病等多种病虫害。但石硫合剂普遍在果树落叶后或萌芽前，采用喷撒、涂布等方式使用，用来杀灭越冬害虫。因此，在正常使用的情况下，它并不会出现在成熟水果的表面。即便由于特殊原因，石硫合剂小概率地沾染在水果表面，那也是白斑块状，同时伴有臭鸡蛋味道，可擦拭掉或用水洗掉，与白霜差异明显。目前果园大都采用套袋管理，即用纸袋、薄膜袋将水果套上，既避免了鸟类、病虫的危害，也减少了农药的污染，进而提高了水果的品质。因此可以确定白霜不是农药残留。

也有一种说法，水果上的白霜是打蜡产生的，这是真的吗？为了延长水果的保鲜期，现在包括中国在内的许多国家都允许使用食品添加剂级的果蜡、巴西棕榈蜡给水果打蜡。一方面，由于采用机械化的设备，为防止水果在打蜡过程中受到损伤，因此打蜡处理目前多用于柑橘类等外皮较厚及苹果等质地较坚硬的水果，并不会对葡萄之类的水果进行打蜡处理。另一方面，由于打蜡的目的是为了水果保鲜，需要涂抹均匀，因此打蜡水果的外观都比较亮丽，并不能在表皮形成白霜状物质。所以水果白霜也不是由打蜡产生的。对于水果上的白霜是何种物质不能一概而论，不同的水果、不同形态的白霜成分不尽相同。

1. 新鲜水果上的白霜

对于苹果、葡萄等可能存在白霜的水果，如果我们在显微镜下观看水果表皮，可以发现这些水果的表皮细胞外都覆盖着一层角质膜，这些角质膜中都含有一些蜡质。这些蜡质覆盖在植物表面，主要起到防止植物水分蒸发、提高抗旱能力、抵抗紫外线辐射及避免病原菌侵染等作用。一般情况下，植物表面的蜡质是无定型的，不容易被肉眼观察到，但在植物的生长过程中，一些水果表皮的蜡质会形成柱状或管状的结晶，看起来就像白霜。目前，科学家通过色谱、质谱等技术对这些蜡质的化学成分进行分析，已鉴定出 100 多种成分，其中最主要的成分是脂肪族化合物，包括长链脂肪酸、醛、醇等。不同水果的蜡质的成分和比例不同，因此不同水果上的白霜看起来也不太一样。尽管状态、成分不一，但这些蜡质都不会被人的肠道吸收，即使人食用了，也不会对健康构成风险。

2. 果干制品上的白霜

一些水果制成果干后，如柿饼、青柑等，表面也会起一层白霜，这些干果的白霜成分与鲜水果的有很大不同。有研究表明柿饼的白霜中有 84% 的成分是糖，这些成分对人体有益；也有研究证明，小青柑表面的白霜是柑油结晶而形成的白色粉末状物质，并不是霉变，不会对人体健康产生危害。但消费者需要注意的是，小青柑表面的霜如果不是白色，而是黄褐色的，可能就是霉变，不能食用了。在知道白霜的主要成分后，消费者在遇见有白霜的水果时就不必担心了。但为了更加放心地食用水果，食用前还是建议您要仔细将水果表面清洗干净，以减少微生物和不洁物质的摄入。

5.2 食品中的兽药残留

5.2.1 兽药和兽药残留

兽药是指用于预防、治疗、诊断动物疾病或有目的地调节动物生理机能的物质（含药物饲料添加剂）。兽药的主要用途有动物防病治病、促进畜禽生长、提高畜禽生产性能、改善动物性食品的品质等。

兽药残留是指食用动物用药后动物产品的任何食用部分中的原型药物及其代谢产物。兽药最高残留限量（MRLVDs）是指食用动物用药后产生的允许存在于食品表面或内部的该兽药残留的最高量，单位为毫克 / 千克或微克 / 千克，以鲜重计。兽药残留主要有抗生素类药物、磺胺类药物、硝基呋喃类药物、激素类药物和抗寄生虫类药物残留。

5.2.2 食品中兽药残留的危害

人们在食用动物饲养过程中会广泛使用药物，甚至发生药物滥用，从而造成药物残留在可食用产品中。动物性食品的药物残留会对人类健康产生影响。另外，休药期（指畜禽从停止给药到允许屠宰或动物性产品如肉蛋奶等上市的时间间隔）过短，就会造成动物性产品兽药残留过量，危害消费者健康。

兽药在动物性食品中残留超标会给人体健康带来不利影响，主要表现为毒性作用、过敏反应、变态反应、细菌耐药性、菌群失调、致畸作用、致突变作用、激素作用等。如果样品中确实存在违规的药物残留，就需要使用分析方法来确认，如薄层色谱法、气相色谱法、液相色谱法等。

一些药物如青霉素类、氨基糖苷类、大环内酯类、四环素类（土霉素、金霉素）等容易发生兽药残留。青霉素类最容易引起超敏反应，四环素类有时也能引起超敏反应。轻度及中度的超敏反应一般表现为短时间内血压下降、出现皮疹、身体发热、血管神经性水肿、血清病样反应等。极度超敏反应可能导致过敏性休克，甚至死亡。

第 6 章

食品中的生物毒素

Chapter 6

6.1 食品微生物检验的意义

食品微生物检验是食品检验的重要组成部分。

食品微生物的污染情况是食品卫生质量的重要指标之一。通过微生物检验，可以判断食品的卫生质量（微生物指标方面）及是否可食用，从而也可以判断食品的加工环境、食品原料及食品在加工过程中被微生物污染的情况，为食品环境卫生管理、食品生产管理和某些传染病的防疫措施提供科学依据，以防止人类因食物而发生微生物性中毒或感染事件，从而保障人类健康。

食品微生物检验就是应用微生物学及相关学科的理论与方法，研究外界环境和食品中微生物的种类、数量、性质、活动规律及其对人体健康的影响，检验方法有如下几种。

感官检验：通过观察食品表面有无霉斑、霉状物、粒状物、粉状物及毛状物等，色泽是否变灰、变黄等，有无霉味及其他异味，食品内部是否霉变，从而确定食品的霉变程度。

直接镜检：对送检样品在显微镜下进行菌体测定和计数。

培养检验：根据食品的特点和分析目的选择适宜的微生物培养方法，求得食品的带菌量。

6.2 食品中常见的生物毒素及菌落总数

6.2.1 食品中的黄曲霉毒素

黄曲霉毒素是黄曲霉和寄生曲霉的代谢产物。黄曲霉是我国粮食和饲料中常见的真菌，由于黄曲霉毒素的致癌力强，因而受到人们重视。但并非所有的黄曲霉都是产毒菌株，即使是产毒菌株也必须在适合产毒的环境条件下才能产毒。

黄曲霉毒素的化学结构是一个双氢呋喃和一个氧杂萘邻酮。其现已分离出 B1、B2、G1、G2、B2a、G2a、M1、M2、P1 等十几种类型，其中以 B1 类型的毒性和致癌性最强，它的毒性比氰化钾大 100 倍，仅次于肉毒毒素，是真菌毒素中最强的。黄曲霉毒素 B1 的致癌作用比已知的化学致癌物都强，比二甲基亚硝胺强 75 倍。黄曲霉毒素具有耐热的特点，裂解温度为 280 ℃，在水中溶解度很低，能溶于油脂和多种有机溶剂。

黄曲霉毒素污染可发生在多种食品中，如粮食、油料、水果、干果、调味品、乳和乳制品、蔬菜、肉类等，其中玉米、花生和棉籽油最易受到污染，其次是稻谷、小麦、大麦、豆类等。花生和玉米在收获前就可能被黄曲霉菌污染，使成熟的花生不仅污染黄曲霉菌，而且可能带有毒素。玉米果穗成熟时，研究人员在一些果穗上分离出黄曲霉菌，并能够检出黄曲霉毒素。在我国，长江沿岸以及长江以南等高温高湿地区的植物较易污染黄曲酶毒素。在世界范围内，同样高温高湿地区（热带和亚热带地区）的食品污染黄曲霉毒素较重，花生和玉米污染尤其严重。

致命毒物黄曲霉毒素，就隐藏在这些食物里

黄曲霉毒素被世界卫生组织划定为Ⅰ类致癌物，是目前发现的稳定性最高的真菌毒素，一旦形成，很难去除。

国内外对于食品中的黄曲霉毒素含量都进行了明确的限量规定，例如我国规定粮食中黄曲霉毒素 B1 的含量应低于 10 微克 / 千克，乳及乳制品中黄曲霉毒素 M1 的含量应低于 0.5 微克 / 升，婴幼儿奶粉不得检出黄曲霉毒素 M1，代乳品不得检出黄曲霉毒素 B1。我们有时吃到的苦瓜子、苦花生，就很有可能含有黄曲霉毒素。不过剂量非常小的摄入不用担心，黄曲霉毒素如不连续摄入，一般不在体内蓄积，一次摄入后约 1 周可即经呼吸、尿、粪便等将大部分排出体外。黄曲霉毒素可能隐藏在以下这些地方。

1. 发霉的花生、玉米、豆类等中

淀粉含量高的食物最容易滋生黄曲霉毒素，如玉米、花生等，它们一旦霉变，黄曲霉毒素含量就很高，花生尤甚。如果一包花生里有一颗花生霉变，最好将整包花生都扔掉，因为黄曲霉菌是以孢子形式传播的，其他花生极易被污染而同时发生霉变。大米、小米、小麦、豆类、薯类都可能含有黄曲霉毒素，因此如果米饭有异味，最好就不要再吃了。另外，动物肝、调味品等食品中也常检出黄曲霉毒素，蔬菜、水果、饮料、酒类等其他食品被黄曲霉毒素污染则很少见。霉变的食物见图 6-1。

除了花生，黄曲霉毒素还可能存在于瓜子、杏仁、开心果等坚果中。坚果在霉变过程中会产生黄曲霉毒素，如果吃到变苦的瓜子、杏仁等坚果，一定要及时吐掉并且漱口，如果经常食入会增加患肝癌的风险。大家在吃坚果前应仔细检查是否有霉变。

2. 小作坊榨的油中

小作坊榨油的生产工艺大多比较简单，不能对原材料进行精炼，无法去除

图 6-1　霉变的食物（组图）

有害物质，如果原材料发霉，所榨出的油（图 6-2）中就可能带入黄曲霉毒素，所以买油应认准有信誉的大品牌。另外，久放的植物油也可能会产生少量黄曲霉毒素。

　　3. 久用的筷子上

　　久用的筷子（图 6-3）洗后没晾干很容易滋生黄曲霉毒素，大家在使用筷子时要观察一下，筷子表面是否附着斑点，特别是霉斑。如果筷子上出现非竹子或木头本色的斑点，表示该筷子很可能已经发霉变质，不可继续使用。建议筷子半年换一次，用完及时仔细清洗，洗干净之后及时晾干，或者尽量使用金属、塑料筷子。

图 6-2 小作坊榨的油

图 6-3 久用的筷子

日常生活中，如何避免黄曲霉毒素中毒

对于黄曲霉毒素，一般的烹饪加热无法将其去除，简单清洗也不靠谱，除去霉变部分再食用，仍有风险。那么，日常生活中，我们要如何避免黄曲霉毒素中毒呢？

1. 剔除霉变粮粒

由于黄曲霉毒素在整批粮食中的污染分布不均匀，烹饪前要把霉烂、长毛的花生、豆类及时挑出。凡已霉变的食品，要禁止食用，也不要用它们喂养动物。如果动物所吃的食物受到黄曲霉毒素的污染，则毒素也可能进入奶、蛋和肉中。

2. 长时间高温作用

黄曲霉毒素非常耐热，只有通过长时间高温（100~120 ℃）作用，如高压

消毒和蒸煮才能使其大部分失活。在一般情况下，巴氏消毒法或 100 ℃的高温并不足以使黄曲霉毒素完全灭活。高压锅有一定的灭菌效果，正常情况下用高压锅杀毒灭菌比较安全。用植物油烹调食物时，先将油倒入锅内，烧至微冒烟，根据烧菜时的用盐量加入食盐，继续高温加热，若在菜肴中添加葱、姜、蒜等辛香料，对健康更加有益。

4. 多吃新鲜蔬菜

研究表明叶绿素可以有效抑制人体对黄曲霉毒素 B1 的吸收，因此多食用富含叶绿素的新鲜蔬菜可以降低黄曲霉毒素中毒的风险。

5. 购买正规品牌商品，注意正确储存食物

购买正规品牌和保质期内的商品，注意正确储存食物；保持食品干燥，晒干、风干、烤干、烘干都可减少食品中的水分，然后将食品密封保存或放在通风干燥处。像一些米面之类的食品，千万不要把它们放在潮湿的地方，这样很容易出现发霉的情况。霉菌在低温条件下繁殖速度会减慢，所以可以把食品放到冰箱里，但注意别放太久。

6.2.2 大肠杆菌

大肠杆菌是食品中常见的腐败菌。如果食品中的大肠杆菌严重超标，说明其卫生状况达不到基本要求。大肠杆菌会破坏食品的营养成分，加速食品的腐败变质，使食品失去食用价值。消费者食用大肠杆菌超标严重的食品，很容易患痢疾等肠道疾病，可能引起呕吐、腹泻等症状。

易受大肠杆菌污染的食物包括：生的肉类或者是加工过程中的肉制品，如发酵类肉制品、低温肉制品；原料奶、乳制品如芝士等；未经杀菌的果汁、生鲜蔬菜以及海鲜。

牛、羊等动物是大肠杆菌的天然宿主，相关研究发现牛和羊大肠杆菌携带率可高达 71% 甚至以上，并且大肠杆菌可以通过环境、粪便、野生动物、土

壤等在一定范围内循环存在，最终造成肉制品等的污染。乳制品中也常常发现大肠杆菌，卫生的操作与存储环境是预防污染的重要环节。

通过施肥环节，大肠杆菌可以通过人畜粪便进入农田中，污染灌溉水和种子，人畜再通过田间活动带走污染源，导致交叉性污染。据报道，大肠杆菌可以在农田的土壤中存活 20 个月，它还可以通过污染农作物的根、茎、叶，继续延长寿命并广泛传播。幼小的叶片富含丰富的氮源营养，是大肠杆菌寄宿的良好场所，腐烂的叶子和果实则是大肠杆菌繁殖后代的好场所。

食品在生产加工过程中造成大肠菌群超标的主要原因是二次污染。在食品加工过程中，原材料已经被污染、加工设备没有定期消毒清洗、生产用水没有彻底灭菌、加工过程中工作人员的个人卫生不佳以及包装消毒不彻底都是导致大肠杆菌超标的原因。

哪些食物可能受到大肠杆菌的污染

图 6-4 中展示的是大肠杆菌的"旅行"途径，也是食物受到污染的途径。大肠杆菌广泛分布在世界各个角落，单一的粪便污染途径就可以污染食物和水，导致人类和动物生病。动物和人粪便中的大肠杆菌如果污染了某一区域的水体，水体周边的动物可能通过饮用水而导致感染大肠杆菌；用污染了大肠杆菌的水作为蔬菜、水果等作物的灌溉用水，或用其清洗日常食用的食物，都可能导致这些食物被大肠杆菌污染，人在污染了大肠杆菌的游泳池或河水中游泳，也极有可能感染大肠杆菌。人类的活动是病原体传播的主要传播途径，因此人类应该在各项活动中制定各种操作规范，为人类的健康提供保障。

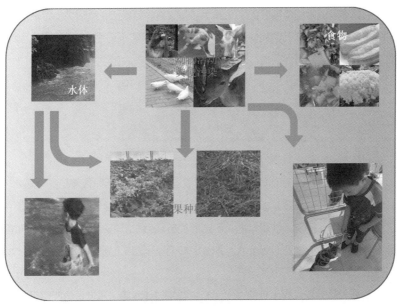

食物

水体

果种

图 6-4 大肠杆菌的污染途径

6.2.3 菌落总数

菌落总数是指食品检样经过处理，在一定条件下培养后，所得1克、1毫升或1平方厘米检样中所含细菌菌落的总数。

菌落总数主要作为判定食品被污染程度的标志，也可以利用这个数据判断细菌在食品中繁殖的动态，以便在对被检样品进行卫生学评价时提供依据。每种细菌都有一定的生理特性，培养时应用不同的营养条件及其所需的生理条件（如温度、培养时间、pH 值、需氧性质等）去满足其要求，才能将各种细菌分别培养出来。但在实际工作中，一般都只用一种常用的方法去做细菌菌落总数的测定。如用标准平板培养计数法，所得结果只包括一群能在营养琼脂上发育的嗜中温性需氧菌的菌落总数；又如用显微镜直接计数法，所得结果包括所有细菌的总数（但在食品检验中除少数食品外此法通常不适用）；再如嗜冷菌计数法，所得结果则只包括嗜冷菌的总数。

桶装水如何喝才健康？

广州和北京的工商部门曾公布了多批因菌落总数超标而被停售的桶装水，其中最严重的菌落总数超标 9 000 倍。桶装水被污染是生产、销售、家庭饮用这三大环节出了问题。饮用过期、不洁的桶装水会引发各种水源性疾病，可能会出现腹泻、头晕、恶心等症状。那么，如何鉴别购买的桶装水是否合格？如何正确饮用桶装水呢？

研究人员分析，饮水机的二次污染主要来自储水胆、水道、聪明座等，这些部位如果长期不清洗或消毒，就会沉积污垢，成为细菌和病毒滋生的温床。

研究人员还发现，经饮水机流出的桶装水常温水样的微生物污染率随着饮水机使用时间的增长而上升，除储水胆、水道、聪明座内的细菌和病毒不断繁殖外，另一个重要因素是饮水机每次放水时，都会通过透气孔吸入空气，据专家介绍，即使在清洁的环境中，每立方米的空气中也有约 4 000 个细菌，所以，再好的桶装水只要一装在普通饮水机上就会慢慢积累各种细菌，时间长了甚至会变成有害的水。因此，桶装水开封之后，最好在一周之内喝完。

桶装水的最佳饮用时间是出厂后 1~15 天，一旦超过 15 天，水中的细菌过多，就不宜再饮用。而且长期不去水垢的饮水机烧出的水可能会含铅等重金属，长期饮用对人体也有危害。

餐桌上的安全隐患有什么？

隔夜西瓜菌落超标。

夏季来临，西瓜几乎是家家户户消暑解渴的必备水果之一，在超市、水果店中，经常有分切的西瓜售卖，因为很多家庭可能一天吃不掉一个西瓜，就会选择购买切开的西瓜，这看似合情合理，但是这些分切售卖的西瓜的安全性还是应该引起人们的注意。

完整西瓜的内部基本是无菌的，但是切开后，西瓜内部就有可能接触外界的细菌，随着时间的延长，就极有可能发生腐败变质。西瓜内部只要进了细菌，在室温下存放，一两天就会腐败而不能食用。所以针对分切售卖的西瓜和我们家中一天未食用完的西瓜的安全性问题，给大家以下提示。

第一，若购买分切的西瓜，买回后要切掉切口处的一层，并当天食用完。

第二，水果被切得越小，与细菌接触的可能性越多，被刀和案板污染的机会越多。因此市面上被切成丁、块的水果，就更加令人担心。如果切成小块的水果没有存放在冷柜里，就不要购买了。

第三，切开一个西瓜之后，立刻把不吃的部分盖上保鲜膜，不要切小块，及时放进冰箱中。冰箱的低温环境可以减慢微生物的繁殖速度。如果家里切开的西瓜在室温下放了很久，细菌已经增殖严重，再放到冰箱里过夜存放，就很不安全了。

第四，用保鲜膜覆盖切开的西瓜，将其放在冰箱上层或专用来储藏水果的保鲜抽屉中，绝不能让西瓜直接和生蔬菜、生豆腐挤在一起，更不能让它接触到生肉、生鱼、生海鲜等，避免和冰箱里的其他食物发生交叉污染。如果存放不当，西瓜交叉污染各种微生物的风险就会增大。

反复解冻的食物菌落数会翻倍。

冰箱延缓了食物腐败变质的速度，为我们储存食品带来了很多便利，但冰箱不是保险箱，那些被反复解冻的食物菌落数可能翻倍。

我们生活中常见的冷冻食品大多通过急速低温（-18 ℃以下）冷冻加工而成。这种储存加工手段一方面有效地保留了食物组织中的水分，另一方面低温状态在一定程度上阻碍了微生物的繁殖，保障了食品安全。那么，冷冻食品如果反复被解冻、冷冻，会有什么变化呢？实验表明，同一块鲜肉反复解冻、冷冻了 4 次，并在每次解冻后采样，分别检测样品中的菌落总数。最终的检测结果十分惊人，4 次解冻、冷冻后，肉的菌落总数是最初鲜肉的 15 倍。

食品变质的主要原因是微生物滋生，食品表面的微生物会导致食品中的蛋白质分解，从而导致食品中的营养素被破坏，进而导致食物变质。因此在反复解冻的过程中，随着温度升高，微生物会迅速繁殖，虽然再次冷冻可以抑制细菌生长，但不能将细菌消灭。因此，冷冻食品解冻后应尽快食用，避免反复冷冻。

解冻食品的正确做法是什么？

冷冻食品最好使用微波炉进行解冻，尽量不要放在常温环境下或放在水里解冻，避免细菌繁殖。食物一经解冻，应立即加工食用，如食物较多，可全部烹调，待其冷却后再放入冰箱冷冻储存。也可以在冷冻前，先将食物切成小块再进行冷冻，每次只取出所需的量，这样就可以避免食物反复解冻、冷冻。

6.2.4 五大常见致病菌

自然界有许多微生物存在，其中有少数微生物对人类、动物或植物有病害作用，这类微生物被称为致病微生物或病原微生物，简称致病菌或病原菌。引

起人类病害的微生物有多种，其中一部分是因侵入消化道而引起疾病的，这是与食品卫生有关的一类致病菌。这些致病菌分别属于细菌和病毒，其中尤以细菌最为常见。

五大常见致病菌是哪些?

食源性疾病是当今世界上最广泛的公共卫生问题之一，越来越多地引起各国政府和相关部门的关注。近年来，国内外食源性疾病明显增多，其中食源性疾病的病原菌引发的事件所占比例最大，发病人数最多。下面着重对最易引起食源性疾病的病原菌进行介绍。

 沙门氏菌

沙门氏菌是一种常见的食源性致病菌。沙门氏菌有的专对人类致病，有的只对动物致病，也有的对人和动物都致病。感染沙门氏菌的人或带菌者的粪便污染了食品，可使人食物中毒。沙门氏菌在水中不易繁殖，但可生存 2~3 周，在冰箱中可生存 3~4 个月，在自然环境的粪便中可存活 1~2 个月。沙门氏菌最适繁殖温度为 37 ℃，在 20 ℃以上即能大量繁殖，因此，沙门氏菌引起的食物中毒所占比例常位于食品中毒事件的榜首。

沙门氏菌主要污染肉类、奶及蛋类食品。吃了未煮透的病死牲畜肉、在屠宰后的其他环节被污染的牲畜肉以及有菌鸡蛋是引起沙门氏菌食物中毒的最主要原因。

对于鸡蛋（图 6-5），沙门氏菌一般先感染产蛋鸡，继而污染鸡蛋。另外在鸡产蛋过程中或之后，鸡粪便中的沙门氏菌可经过蛋壳渗透进鸡蛋内，使

鸡蛋受到污染。人们不能简单地
通过肉眼分辨鸡蛋是否受到沙门
氏菌的污染。因此如果食用仅半
熟的鸡蛋甚至是生鸡蛋，感染的
概率就比较高。所以建议将鸡蛋
煮熟吃，这样就降低了沙门氏菌
的感染概率。

图 6-5 打开的鸡蛋

1. 引发的疾病

（1）非伤寒沙门氏菌感染

这类感染引发胃肠道疾病
（如肠胃炎等），病死率通常低
于 1%，暴露后 6~72 小时发病，患者会出现恶心、呕吐、腹痛、腹泻、发热、
头痛等症状。

（2）伤寒

伤寒引起人全身或局部器官的侵袭性感染（如菌血症、脑膜炎等），病死
率可高达 10%，通常 1~3 周发病，患者出现高热、嗜睡、腹痛、腹泻或者便秘、
头痛、食欲下降等症状，有时会出现扁平状玫瑰疹，容易并发败血症。

2. 预防措施

有裂纹的鸡蛋较容易受到沙门氏菌的污染，应避免食用。高温烹饪即可杀
死沙门氏菌。厨房案板、刀具应做到生熟食品分开使用，彻底加热原料可极大
降低由沙门氏菌导致的食品安全风险。

第 6 章 食品中的生物毒素

　副溶血性弧菌

　　副溶血性弧菌是一种嗜盐性细菌，呈弧状、杆状、丝状等多种形状，天然存在于海水、沿海环境、海底沉积物和鱼、贝类等海产品中。该菌存活能力强，在抹布和砧板上能生存1个月以上，在海水中可存活40多天。副溶血性弧菌食物中毒多在夏秋季发生于沿海地区，常造成集体发病。现在由于海鲜空运，内地城市病例也有所增多。

　　易受副溶血性弧菌污染的食品主要有墨鱼、章鱼、龙虾、虾、蟹，特别是蛤蜊、牡蛎和蛏子等滤食性贝壳类（图6-6），其次为咸菜、熟肉类、禽肉、禽蛋类。

　　1. 引发的疾病

　　副溶血性弧菌感染可引发胃肠炎，个别可引发败血症。它的平均潜伏期为17小时，最短1小时，最长4天。典型的感染症状是急性胃肠炎，表现为剧烈腹痛、脐部阵发性绞痛、腹泻，大便呈喷射性水样，可能混有黏液或脓血，一天大便5~6次，多的可达10多次，伴有恶心、呕吐等上消化道表现，还可能出现头疼、发烧等症状。

　　2. 预防措施

　　由于副溶血性弧菌对酸敏感，在普通食醋中5分钟即可将其杀死。它们对热的抵抗力也较弱，因此动物性食品应烧熟煮透再吃，食品烧熟至食用的放置时间不要超过4小时。隔餐的剩菜食前应充分加热，防止生熟食物操作时交叉污染。海产品宜用饱和盐水浸渍保藏，食前再用冷开水反复冲洗。烹调和调制海产品时可加适量食醋。

图 6-6 贝壳类食物

蜡样芽孢杆菌

蜡样芽孢杆菌是一种可产生孢子的细菌，最佳生长温度为 30~37 ℃，在 4 ℃以下便会停止生长。蜡样芽孢杆菌非常耐热（能在 126 ℃的环境中存活长达 90 分钟），一旦在食物中产生，即使把食物热透，也不能将之消除。由蜡样芽孢杆菌引起的病症称为"炒饭综合征"。米饭煮熟后，通常会在室温下放置两个多小时以冷却，然后做成炒饭。而在这个过程中，被污染的米饭中的细菌已经在释放毒素，加热并不能消灭蜡样芽孢杆菌。

引起蜡样芽孢杆菌食物中毒的主要食品是米饭及米制品（约占 80% 以上），如米饭、炒饭、稀饭、米糕、米粉皮、米线等，另外凉面、豆腐、肉类、奶类、蔬菜和鱼类等也易被蜡样芽孢杆菌污染。

1. 引发的疾病

蜡样芽孢杆菌食物中毒的临床表现有两种：呕吐型和腹泻型。夏季在室温下保存的米饭类食物最容易受污染，导致呕吐型食物中毒。引起腹泻型食物中毒的食品较复杂，粮食、肉类、乳类食品均可引发蜡样芽孢杆菌中毒，其中盒饭类混合食品引发中毒较多见，主要原因可能是在分装过程中受到污染。由这

种毒素引起的食物中毒，患者会在进食有问题食物后数小时内出现呕吐等症状。腹泻型病人在食入污染的食物 6~15 小时后发病，出现水样腹泻、腹部痉挛和疼痛。呕吐型病人在食入污染的食物后 0.5~6 小时发病，以恶心和呕吐为主要症状，症状通常在发病 24 小时后消失。

2. 预防措施

如不是马上食用的食物，应把食物储存于安全温度（60 ℃以上或 4 ℃以下）的条件下；避免把易坏的预包装食物和饮品放在室温下过久；食品开封或翻热后应立即食用。

　金黄色葡萄球菌

金黄色葡萄球菌是常见的食源性致病菌，广泛存在于自然环境中。该菌最适宜的生长温度为 37 ℃，pH 值为 7.4，耐高盐，可在盐水浓度接近 10% 的环境中生长。金黄色葡萄球菌本身不会对人体健康产生危害，但它在繁殖过程中产生的肠毒素却是引发食物中毒的主要致病因子。金黄色葡萄球菌引发的食物中毒常见于报道。

金黄色葡萄球菌常寄生于人和动物的皮肤、鼻腔、咽喉、肠胃、痈、化脓性灶口中，在空气、污水等环境中也会存在。最易发生金黄色葡萄球菌食物中毒的食物是肉类及其制品，故其有"嗜肉菌"的别称。家禽和蛋制品，沙拉、烘焙食品、奶油馅饼和夹心馅料以及牛奶和奶制品都是常见的感染源。

金黄色葡萄球菌经常会在下述情况下产生肠毒素：在较高温度下存放食物容易产生肠毒素；蛋白质含量丰富、水分含量高同时含有淀粉的食物，或是油脂较多的食物容易产生肠毒素；食物中已含有大量金黄色葡萄球菌并快速繁殖，更易产生肠毒素。

1. 引发的疾病

金黄色葡萄球菌产生的肠毒素是一种单链小分子蛋白，具有热稳定性，会破坏人体肠道，导致呕吐、腹泻等症状。通常情况下症状出现迅速（1~7 小时），许多病例发病急。肠毒素可迅速引起恶心、腹部绞痛、呕吐和腹泻等症状。中毒严重的病例，可发生脱水、头痛、抽搐以及血压和脉搏的短暂变化。

2. 预防措施

应在低温和通风良好的环境下储存食物，防止金黄色葡萄球菌肠毒素的形成；在气温高的春、夏季，食物置冷藏或通风阴凉的地方尽量不超 6 小时，并且食用前要彻底加热。

 椰毒假单胞菌

椰毒假单胞菌酵米面亚种产生的米酵菌酸是一种可以引起食物中毒的毒素。资料显示，在细菌性食物中毒中，米酵菌酸毒素是致死率最高的细菌毒素之一，中毒病死率高达 40% 以上。2020 年，一则"黑龙江居民聚餐食用自制酸汤子造成多人中毒死亡"的消息引起广泛关注，经检测，引发食物中毒的就是玉米面中的高浓度米酵菌酸。

米酵菌酸主要产生于发酵的玉米面制品，变质的银耳、木耳，其他变质谷类发酵制品（湿河粉、湿米粉、发酵玉米面、糯玉粉等）和薯类制品（甘薯面和马铃薯粉等）中。在 25~35 ℃时，椰毒假单胞菌最易繁殖，细菌繁殖产生米酵菌酸毒素，导致食物中毒。

1. 引发的疾病

人食入被该菌污染的食物后，2~24 小时出现上腹不适、恶心、呕吐、轻微腹泻、头晕、全身无力等症状。重者可出现皮肤黄染、肝脾肿大、皮下出血、呕血、血尿、少尿、意识不清、烦躁不安、惊厥、抽搐、休克等，体温一般不升高。

2. 预防措施

自制谷类发酵食品、泡发的木耳或银耳、谷类发酵制品，若储存不当或储存时间过长，容易产生米酵菌酸毒素，加热食用后仍可以引起食物中毒；不要制作、食用酸汤子等发酵的面米食品；购买食物尽量选择小包装，并储存于低温、干燥通风的环境，避免囤积食物；及时处理发霉的食品，绝不可以去除霉变部分后继续食用。

 谣言粉碎：现挤现卖的原奶最有营养

在乡镇常有养殖户牵着奶牛在街上现挤现卖原奶的现象，一些人认为现挤的原奶纯天然、不掺水、有营养，都抢着购买。事实真是这样吗？

生鲜奶是微生物生长、繁殖的良好培养基，极易受到动物体以及挤奶环境中微生物的污染。引起生鲜奶微生物污染的主要来源是环境中的大肠杆菌、金黄色葡萄球菌、假单胞菌、真菌等以及源于动物体的布鲁氏菌、结核杆菌等人畜共患致病菌等。因此，如生鲜奶杀菌不充分，很容易造成人畜共患病的传播。如布鲁氏菌病是由布鲁氏菌引起的一种人畜共患病，布鲁氏菌一般寄生在牛、羊、狗、猪等与人类关系密切的牲畜体内，人群通过接触受感染动物的分泌物或进食受污染的肉类、奶制品等被感染。

生鲜奶也叫生鲜乳，是未经杀菌、均质等工艺处理的原奶的俗称。根据《乳品质量安全监督管理条例》和相关法规标准等，从牛乳房挤出来的就是"生鲜奶"，生鲜奶是不宜直接上市销售的，为的就是防止人畜共患传染病菌以及其他有害物质对牛奶的污染。现制现售生鲜乳饮品的经营者要求具有稳定、可靠的奶源和杀菌、冷藏等设备。

生鲜奶无异于"三无"食品，不要盲目追求原生态，产奶的奶牛是否健康、有没有检疫、运输过程中有没有被污染等信息尚难以做到完全追溯，故存在一定的食品安全隐患。尤其是儿童、老人、孕妇和免疫力低下的人群，食用生鲜奶后被病原菌感染的风险更大。建议消费者不要直接饮用生鲜奶。

第 7 章

食品中的营养与安全

Chapter 7

7

7.1 蔬菜生吃还是熟吃

众所周知，蔬菜含有丰富的维生素、矿物质微量元素、植物化学物质、酶等，其中部分是有效的抗氧剂，同时还能有效减轻环境污染对人体的损害。蔬菜还对很多疾病有预防作用。以下列举一些常见蔬菜的营养成分。

十字花科甘蓝类蔬菜（如青花菜、花菜、甘蓝、叶甘蓝、芥蓝等）含有吲哚类、异硫氰酸盐、类胡萝卜素、维生素 C 等。胡萝卜含有丰富的类胡萝卜素及大量可溶性纤维素，有益于保护眼睛，提高视力。茄果类蔬菜如番茄中丰富的番茄红素抗氧化能力强，可降低前列腺癌及心血管疾病的发病概率。茄子中含有多种生物碱，有抑癌、降血脂、杀菌、通便功用。辣椒、甜椒含丰富的维生素、类胡萝卜素、辣椒素等。葱蒜类蔬菜含有丰富的二丙烯化合物、甲基硫化物等，有利于防治心血管疾病，还可以消炎杀菌。

如何烹饪蔬菜才有利于其营养成分的保存呢？到底生吃好，还是熟吃好，这取决于不同蔬菜的种类以及它们富含哪种营养素。

适合生吃的蔬菜有黄瓜、胡萝卜、水萝卜、柿子椒、西红柿、生菜、甘蓝等，生吃时，最好选择无公害蔬菜。

适合焯一下再吃的蔬菜有如下种类。十字花科的蔬菜如西兰花、菜花等，焯水后的口感更好，而且其中富含的营养素也更容易被消化吸收。青花菜会阻碍身体对碘的吸收，长期生食容易引起甲状腺肿大。菠菜、竹笋、茭白等含草酸较多，也需要焯水去除草酸，因为草酸容易在肠道内与钙结合形成难被吸收的草酸钙，影响人体对钙的吸收。芥菜之类的蔬菜含有硫代葡萄糖苷，焯水后

生成挥发性的芥籽油，令风味更好，且能促进人体的消化吸收。

煮熟才能吃的蔬菜包括含有淀粉的蔬菜，如土豆、山药、芋头等，一定要做熟了再吃，因为这些蔬菜中富含淀粉，不经过加热淀粉粒很难破裂，人体消化吸收较困难。

对于含有大量皂苷和植物凝集素的豆类，食用时一定要煮熟。

新鲜的、未经加工的金针花含有秋水仙素，尽管本身无毒，若是没有完全煮熟，在人体内会被氧化成有毒的二秋水仙碱，引起肠胃不适。不过，市面上已经加工处理过的干燥金针花中的秋水仙碱已经被溶出，没有这方面的问题。

木薯和竹笋类植物含氰苷类物质，没有煮熟就吃会造成氰化物中毒，大量生食会引发呼吸困难、恶心、呕吐及头痛等症状。竹笋在我们的餐桌上尤其常见，最好的烹调方式是将竹笋切成薄片炒或烫熟，等其彻底熟了再吃。

7.2 螃蟹的选择和正确食用

秋风起，秋蟹肥。随着人们物质生活水平的提高，螃蟹已经进入寻常人家的餐桌。螃蟹肉质鲜美，蟹黄肥厚，营养丰富，是人们喜爱的水产佳肴。螃蟹中含有大量的蛋白质并且多半以优质蛋白质为主，而这些优质蛋白质中还含有精氨酸。精氨酸能参与人体内的能量代谢和解毒工作，适量吃蟹可促进机体能量平衡。螃蟹中的维生素 A、维生素 E 的含量很高，还含大量的硒元素，可以提高人体的免疫力。螃蟹味美营养价值高，但如何吃蟹不伤健康呢？

海蟹、河蟹有何不同？

顾名思义，海蟹是生活在海水中的螃蟹，如我们常见的梭子蟹。河蟹则生长在江河湖泊中。螃蟹在死后其体内的组氨酸会分解产生有毒物质组胺。螃蟹死亡时间越长，体内的毒物会越多，即使被煮熟毒素也不容易被破坏。而这种毒素会让人产生过敏反应，进而造成中毒。海蟹放在冰箱内一两天是能够食用的，吃冰鲜的没有问题。但如果海蟹在海里就死了，死蟹在海水中会吸引很多寄生虫，最好不要吃。

蒸前如何处理螃蟹？

首先要让螃蟹在水中吐一吐沙子，等螃蟹吐出的水不再混浊时，用刷子刷

洗去除螃蟹肚、背、足上的泥沙。家庭处理螃蟹，为了防止螃蟹的脚脱落，可以把螃蟹肚皮朝上放入约 45 ℃的温水中，将螃蟹用温水烫晕，这样既不用担心刷洗时被夹到手，也不会影响螃蟹的鲜美味道。这种方法最需要注意的是控制好水温，水温太低不能烫晕螃蟹，而水温太高则会让螃蟹的脚脱落。

7、3 喝水的学问

水是生命之源，是我们赖以生存的必需品，一方水土养育一方人。饮水是有学问的，大多数人觉得，喝水是件最简单的事情，一杯水喝下去就可以，那么，什么样的人每天喝多少水？怎么正确地喝水呢？下面就跟大家分享一下喝水的学问。

1. 适时喝水

喝水要讲究健康的方式，应根据身体需要适时喝水。

早饭与午饭之间喝两杯水，一上午的忙碌，人在不知不觉中流失水分，补水很重要。午饭后喝一杯水对健康有益。

午饭与晚饭之间喝两杯水，可补充水分，还能带来饱腹感，减少晚餐食量。

晚饭后喝一杯水，每天睡觉前一小时喝一杯水，可降低血液黏稠度，保证良好睡眠。

2. 非常口渴时再喝水不可取

一般来说，身体内水分失去 500~1 000 毫升人就会感到口渴，如果失去水分更多，身体就会失去力量和持久力。如果在高温下失水严重，则容易导致虚脱或中暑。当我们感觉口渴时，实际上身体已经早有缺水的情况，因此等口渴再喝水是不可取的。

3. 这些水不能喝

(1) 老化水

并不是所有的水都适合饮用，污染的水肯定不能饮用。开水久置以后，其

中含氮的有机物会不断分解成亚硝酸盐。尤其是存放过久的开水，难免有细菌污染，此时含氮有机物加速分解，亚硝酸盐的生成也就更多。饮用这样的水后，亚硝酸盐与血红蛋白结合，会影响血液的运氧功能，减慢新陈代谢，影响发育。

（2）没有烧开的水

人们饮用的自来水都是经氯化消毒灭菌处理过的。自来水需要经过氯化处理以清除微生物等杂质，但同时，氯与水中残留的有机物相互作用形成卤代烃、氯仿等有毒的致癌化合物。当水温达到 90 ℃时，卤代烃含量由开始的每千克 53 微克上升到 177 微克，超过国家饮用水卫生标准的 2 倍。当水温升到100 ℃，卤代烃和氯仿的含量虽均有下降，但仍超过国家标准。如果继续沸腾，持续 3 分钟后，卤代烃和氯仿含量分别降至每千克约 9.2 微克和 8.3 微克，此时才成为安全的饮用水。

7.4 淘米究竟怎么淘

大米是我国，尤其是南方地区人们经常食用的主食。米饭的主要成分是碳水化合物，米饭中的蛋白质主要是米精蛋白，氨基酸的组成比较完全，容易被人体消化吸收。为了不让营养成分流失，锁住大米中的营养物质，我们就从以下几个方面来说说淘米的讲究。

1. 淘米不过三

淘米（图7-1）的主要目的是去除夹杂在大米中间的泥沙、灰尘和杂物。但淘米的时候次数不宜过多，因为米中含有一些能溶于水的无机盐和维生素，而且很大一部分分布在米粒的外层，淘洗大米时用力搓洗、过度搅拌都会使米粒表层的营养素被破坏。

实验表明，这样做核黄素和烟酸损失率为23%~25%，维生素 B1 损失率为 40%~60%，蛋白质、脂肪和糖等也会有不同程度的损失。现在我们在超市选购的大米几乎没有杂质，都是粒粒白的大米，所以没必要淘太多次，免洗的大米则可以直接下锅煮饭。

2. 淘米要用冷水

在淘米的时候如果用热水，会加重大米中营养成分的流失，因为水温高时，营养成分的溶解度大，这样就会造成大米表层营养流失加重，一些营养成分会随着淘米水的温度增加而加重流失。淘米用的水应为冷水，这样能更好地锁住营养。

3. 淘米不要反复搓

由于大米表面有一层营养素，其中含有 B 族维生素和膳食纤维，如果用力搓洗，会导致营养成分流失。

4. 发霉的米淘是淘不净的

发过霉又被重新处理的米，或是在家里存放不当发生变质的米，靠使劲淘、泡去除污染物质是没有用的，这样的米尽量不要食用。

图 6-4 淘米

7.5 味精的科学使用

味精是调味料的一种，主要成分为谷氨酸钠。味精的主要作用是增加食品特别是肉类和蔬菜的鲜味，能刺激味蕾，常添加于汤料和肉制品中，但若食用不当会产生不良风味，因此，在使用味精时要注意以下几点。

1. 不要在高温烹饪时加入味精

烹饪菜肴时，如果在烹饪的较高温度时加入味精，味精会在高温条件下发生化学变化，使谷氨酸钠转变成焦谷氨酸钠。焦谷氨酸钠没有鲜味，不能起到调味的作用。实验证实，味精在 70~90 ℃的温度下溶解性最好。因此，味精加入食物中的最佳时间是在菜肴即将出锅的时候。如果菜肴需要勾芡，在勾芡之前加入味精最好。

2. 不要在低温时加入味精

一些家庭习惯在凉拌菜中加入味精，但低温下味精的溶解度极差。如果想在凉拌菜中加入味精提鲜，可以预先用温水将味精溶解，晾凉后浇在凉拌菜上。

3. 不要在甜口菜肴中放味精

凡是甜口菜肴如拔丝山药、可乐鸡翅都不应加味精。甜菜放味精较难吃，既破坏了鲜味，又破坏了甜味。

4. 味精加入量的控制

味精不可以过量食用，因为味精的成分是谷氨酸钠，食用过多会导致身体中钠含量的增高，和吃多盐的危害一样，容易引起一系列的心脑血管疾病。

7.6 如何选择日常烹饪用油

柴米油盐酱醋茶，食用油在人类饮食中扮演了重要的角色。面对市面上包装精美、价格各异的食用油品牌和种类，我们感到眼花缭乱，到底什么油才最适合自己呢？

 动物油

动物油中比较常见的是猪油，用猪油炒出来的菜特别香，这是植物油所不能比拟的。使用猪油搭配一些比较吸油的素食如茄子、萝卜等，香气十足，会让人更有食欲。但是猪油也存在一定弊端。猪油的饱和脂肪酸及脂肪含量均较高，长期吃猪油容易导致高血脂、高血压等，特别是本身就有"三高"的人群，要尽量减少猪油的摄入量。如果你在平时比较习惯吃素食，那可以适当地食用猪油来补充脂肪酸，有助于维持体内的营养平衡。

 植物油

植物油内不饱和脂肪酸含量较多，具有降低胆固醇、防止动脉硬化的作用。不同来源的植物油营养价值略有差别，但是它们的共同点是都含有不饱和脂肪酸，如油酸、亚油酸、亚麻酸等，只是含量不同。大多数植物油富含维生素 E，并有一定含量的维生素 K。

1. 大豆油

大豆油主要以人体必需的脂肪酸亚油酸为主（含量为 50%~60%），而且 α-亚麻酸（俗称"明星脂肪酸"）含量是 5%~9%。大豆油中特有的微量营养素很多，如磷脂、胡萝卜素、维生素 E、甾醇等。大豆油中一些特有的营养素如磷脂因为炒菜时会形成黑色物质，所以会在精炼环节被去除，但天然抗氧化剂维生素 E 却被很好地保留下来，使大豆油具有良好的氧化稳定性。

2. 菜籽油

在植物油中，菜籽油的多不饱和脂肪酸含量居中，低于玉米油、大豆油和葵花籽油，但明显高于橄榄油和棕榈油。其微量营养成分中，维生素 E 虽然总量比大豆油中的少，但是维生素 E 中活性最强的 α-生育酚却比大豆油中的高。

另外，菜籽油还是唯一含有菜油甾醇的植物油。虽然菜籽油在不饱和脂肪酸和微量营养素等方面都优于大豆油，但是菜籽油是一种芥酸含量特别高的油，是否会引起心肌脂肪沉积和使心脏受损尚有争议，所以冠心病、高血压患者应当注意少吃。另外菜籽油有一些"青气味"，所以不适合直接用于凉拌菜。

3. 花生油

花生油含不饱和脂肪酸达 80% 以上，脂肪酸配比较合理，其中的油酸含量仅次于橄榄油和茶籽油，比大豆油、葵花籽油的高，缺点是缺乏 α-亚麻酸。花生油的脂肪酸构成比较好，易于被人体消化吸收，被认为是均衡型植物油。花生油的含锌量是色拉油、粟米油、菜籽油、大豆油的许多倍。虽然补锌的途径很多，但油脂是人们日常必需的补充物，所以食用花生油也特别适宜于大众补锌。

4. 玉米油

玉米油是从玉米胚芽中提炼出的油脂。玉米油中脂肪酸的特点是不饱和脂肪酸含量高达 80%~85%。玉米油本身不含有胆固醇，并且对于积累于血液中

的胆固醇有溶解作用，故能减少血管硬化。对老年性疾病如动脉硬化、糖尿病等具有积极的防治作用。玉米油还富含维生素 E。作为一种天然抗氧化剂，维生素 E 对人体细胞分裂、延缓衰老有一定作用，因而玉米油也被誉为"美容食用油"。玉米油没有浓重的味道，适合炒菜，也适于凉拌菜。

5. 橄榄油

橄榄油是一种常见的植物油。橄榄油适宜凉拌、蒸、炖、煮、佐料，不适合煎、炸、烤、爆炒。因为橄榄油的烟点为 180 ℃左右，烟点较低，在用它烹调菜品时要注意油温的控制，特别是在炒制一些绿色蔬菜时，可在炒锅中放入适量橄榄油，加热到八成热就把蔬菜入锅进行翻炒，翻炒二三分钟以后尽快出锅，这样才能保持绿色蔬菜的原有色泽，而且不会让蔬菜的营养流失，也能最大限度地保留橄榄油的营养。

6. 茶籽油

茶籽油从油茶树种子中获得，是我国最古老的木本食用植物油之一。茶籽油中不含芥酸、胆固醇、黄曲霉毒素和其他添加剂。茶籽油中不饱和脂肪酸含量高达 90%，油酸含量达到 80%~83%，亚油酸含量达到 7%~13%，并富含蛋白质和维生素 A、B、D、E 等，尤其是它所含的丰富的亚麻酸是人体必需而又不能自身合成的。茶籽油的油酸及亚油酸含量均高于橄榄油，故有"东方橄榄油"的美誉。

7. 葵花籽油

葵花籽油颜色金黄，澄清透明，气味清香，是一种重要的食用油。葵花籽油含有甾醇、维生素、亚油酸等多种对人类有益的物质，亚油酸含量可达 70% 左右，可以降低血清中的胆固醇含量，降低甘油三酯水平，促进人体细胞的再生和成长，保护皮肤健康，并能减少胆固醇在血液中的沉积，是一种高级营养油。葵花籽油清淡透明，烹饪时可以保留食品的天然风味，它的烟点也很高，可以避免高温产生的油烟对人体的危害。

8. 亚麻籽油

亚麻籽油富含 α- 亚麻酸，它和亚油酸一样，是人体必需的脂肪酸。此外，α- 亚麻酸有助于大脑和视网膜的发育。

亚麻籽油的营养价值较高，但烟点较低，加热时非常容易冒烟，适合凉拌食用；但可以将少量的亚麻籽油与其他植物油调合后，用来炒菜，注意掌控油温，温度不能过高，因此亚麻籽油不适合煎炸。由于亚麻籽油的碘价高达 175 以上，易被空气氧化变质，需低温保存，开盖后应尽快吃完。

关于油的名称也很多样化，比如色拉油、调和油等，那么它们之间有什么区别呢？用法有什么不一样呢？

色拉油就是植物油经过脱胶、脱脂、脱色等工艺处理之后得到的高级植物油。根据原料类别，色拉油可分为大豆色拉油、花生色拉油、葵花籽色拉油等。色拉油最大的特点就是可以直接生吃，它的名字最初来自西餐的"色拉"凉拌菜。色拉油因为经过多道工艺处理，所以颜色非常清亮、通透，而且没有任何气味，口感也不油腻，所以非常适合用作凉拌菜或各种酱料的用油。若用普通的食用油去做凉拌菜，多有很重的油腻感和糊嘴感，并且"生味"很重。用色拉油炒菜油烟比较少，味道香，所以很多人都喜欢用它，但是它的价格会相对贵一些。

调和油又叫复合油，一般由两种或者两种以上的食用油按照一定的比例调配、精炼而成。它的颜色多变，可透明，可发黄，完全由配方决定。调和油不适合生吃，不能直接用于凉拌菜，适合炒、煎、炸等。因为它是用几种食用油调配的，所以香味比较好。但调和油的缺点是保质期比较短，一般最多只有12 个月，不能长期储存。